摄影构图的 180 个问答

专业摄影师这样拍

视觉中国500px摄影社区
爱摄会iPhoto部落

编著

人民邮电出版社

北 京

图书在版编目（ＣＩＰ）数据

专业摄影师这样拍. 摄影构图的180个问答 ／ 视觉中国500px摄影社区爱摄会iPhoto部落编著. —— 北京 ： 人民邮电出版社，2022.5
ISBN 978-7-115-55870-1

Ⅰ．①专… Ⅱ．①视… Ⅲ．①摄影构图－问题解答 Ⅳ．①TB86-44②J406-44

中国版本图书馆CIP数据核字(2021)第005609号

内 容 提 要

本书对学习摄影构图涉及的构图常识、黄金法则、透视、对比、几何构图等相关知识进行了由浅入深的介绍。笔者用具体的不同题材实战案例来对比较抽象的构图理论进行讲解，以让读者能够尽快领会构图的精髓，快速提高自己的构图及审美水平。

本书将大量的构图相关知识总结为180个知识点，以问答的形式进行呈现，带来知识的量化学习体验，让读者的学习变得更有节奏感、更轻松。通过对本书的系统学习，读者可以拿起相机走到户外进行精彩万分的摄影创作之旅。

希望通过对本书的系统学习，初学者的摄影水平能有立竿见影的提升。本书适合摄影爱好者、摄影从业人士阅读和参考。

◆ 编　　著　视觉中国 500px 摄影社区爱摄会 iPhoto 部落
责任编辑　杨　婧
责任印制　陈　犇

◆ 人民邮电出版社出版发行　　北京市丰台区成寿寺路 11 号
邮编　100164　　电子邮件　315@ptpress.com.cn
网址　https://www.ptpress.com.cn
天津市豪迈印务有限公司印刷

◆ 开本：690×970　1/16
印张：18.5　　　　　　　　2022 年 5 月第 1 版
字数：473 千字　　　　　　2022 年 5 月天津第 1 次印刷

定价：99.80 元
读者服务热线：(010)81055296　印装质量热线：(010)81055316
反盗版热线：(010)81055315
广告经营许可证：京东市监广登字 20170147 号

前言

摄影是一种技术、理念与艺术灵感相融合的创作过程。如果你拥有了一部数码相机，之后要学习摄影技术、摄影理念，还要培养一定的艺术灵感。

如果你使用了非常棒的数码相机，搭配了性能出众的镜头和周边附件，掌握了曝光、对焦、白平衡等足够丰富的技术知识，但拍出来的照片仍然不够理想，甚至不如一些人用手机拍出的照片漂亮。那么你一定要知道原因：决定照片成败的真正因素在于摄影美学，而构图又是摄影美学中最重要的因素！

本书是以下丛书中的《专业摄影师这样拍——摄影构图的 180 个问答》，读者如果要学习人像、风光等题材的摄影，或是想要学习用光等更专业的摄影美学知识，以及手机摄影等相关知识，也可以关注丛书中的其他图书。

《专业摄影师这样拍——数码摄影的 180 个问答》

《专业摄影师这样拍——人像摄影的 180 个问答》

《专业摄影师这样拍——风光摄影的 180 个问答》

《专业摄影师这样拍——摄影用光的 180 个问答》

《专业摄影师这样修——数码摄影后期的 180 个问答》

《专业摄影师这样拍——手机摄影的 180 个问答》（拍摄与后期完美版）

读者在学习本书的过程中，如果遇到疑难问题，可以添加作者微信 381153438，加入读者交流群，或与作者进行一对一的沟通和交流；另外，建议读者关注我们的微信公众号"深度行摄"（查找 shenduxingshe，然后关注即可），我们会不断发布一些有关摄影、数码后期处理和行摄采风的精彩内容。

目录

第二章
黄金构图及应用

第三章
透视

第四章
对比构图

目录

第五章
几何构图

第六章
构图经验总结

6.2 个人总结的6条经验 190

第七章
场景与瞬间

7.1 一般自然风光 204

7.2 弱光场景 216

7.3 城市场景 228

7.4 人像场景 238

目录

你没有学透的构图常识

第一章

本质上说，构图是一门艺术，而任何艺术都需要技术作为基础和前提。在正式学习构图之前，本章将详细介绍一些关于构图的常识以及经验，为后续的学习打好基础。

1.1
构图概念与应用

001 构图的概念与目的是什么?

摄影构图是指将所拍摄的场景中的所有元素进行整理,以符合人的审美观感,并表达出来的过程。此过程需要摄影师结合技术手段与自己的审美来实现。具体来说,摄影构图要把场景中的主要对象(如人物、动物、事件冲突等)提炼出来重点表现,从而将另外一些起干扰作用的线条、图案、形状等进行弱化,最终获得一种重点突出、主题鲜明的画面布局和显示效果。

构图是摄影创作的基本环节,也是重要的环节。只有构图合理的摄影作品,才能给欣赏者以美的视觉享受和与众不同的情感体验。所谓构图合理,需要将画面内景物之间的内部冲突和外部视觉效果完美地结合起来。创作时,摄影师要有意识地设计和布局画面,要选择合理的对象进行重点表现。例如,场景当中有人物时,通常应该将人物作为重点表现的对象,把人物放在突出的位置,并通过合理的技术手段,强化人物的表现力。而对于另外一些干扰性的构图元素,就应该放在照片中次要的位置,或从取景画面中删除掉。如果不能删除,就要通过技术手段进行弱化处理,常见的技术手段有虚化和压暗等。只有当我们拍摄的照片当中没有过多的干扰元素,或者干扰元素已经被弱化到无足轻重的程度时,那照片就成功了。

像这张照片，前景当中蜿蜒的曲线呈现 S
形，引导欣赏者的视线到画面深处的视觉
中心上。这是一种视觉的引导。另外，画
面两侧非常杂乱的树木和工地，在后期处
理时进行了压暗和弱化处理。这一过程其
实就是构图的过程。

再来看这张照片。照片当中，山峰顶部的
长城敌楼作为主体，安排它所在的位置，
其实就是一个取景与构图的过程。而近处
与远处敌楼的对比以及延伸的曲线，都是
需要从构图的角度来进行综合考虑的。

002 为什么说构图决定一切？

　　摄影并非只是电子产品的应用，而是一种艺术，是选择的艺术，这种选择的过程和最佳实现手段就是构图。只有通过合理地构图，才能够让相机拍到的画面与人眼直接看到并经过大脑提炼过的画面吻合。如果可以让照片比人眼看到的场景更加美好、生动，更具有艺术效果，那摄影构图也就真正成功了。

　　反之，即便对摄影基本技术运用再熟练，如果构图不合理，那只能称为"拍照片"，而非摄影创作。所以从摄影的角度来看，可以说构图决定一切。

这张照片非常简单，主体是天坛的一座建筑，但是如果只表现建筑，那么画面不免会显得比较单调、比较枯燥。在取景时，近处的门廊、红色的柱子以及富有传统特色的门窗作为前景，与主建筑相互衬托，那么这张照片给人的观感就会完全改变。这便是构图的力量，它决定了这张照片的成败。

这张照片当中，我们可以看到主体人物和陪体树木前有大面积的空白，这种空白本来应该是要避免出现的。但在构图时，如果我们裁掉了前景，画面同样会给人非常单调、乏味的感觉，而借助于前景，则让画面形成了一个过渡，让主体的出现不至于很突兀。而为了避免前景过于平坦和单调、没有质感，于是借助于日落时比较弱的光线，在前景的雪地表面拉出阴影，从而呈现出了雪地的质感。这样，画面层次丰富而又非常耐看。

003 构图的五大元素是什么？

对于一张构图比较完整的照片来说，从构图的角度分析，它的构成元素往往会包括五种：第一种是主体，也就是画面要着重表现的对象；第二种是画面的陪体，陪体作为主体的陪衬物出现，要与主体形成一种相互衬托的关系，但是不能强于主体的表现力；第三种是前景，前景是指出现在主体之前的景物，对画面起到一些修饰的作用，后面我们还会详细介绍前景的重要性；第四种是画面的背景，背景是指在主体及陪体等之后的部分，它的作用也比较多，可以烘托画面的氛围，对画面的主体及陪体等起到一定的修饰作用，还可以交代画面所处的一些环境、时间等信息；第五种是留白，是指画面当中空白的部分，留白可以让画面留出给人视线休憩的空间，强化和渲染画面的氛围。

从照片当中，我们可以分析出这样几个构成元素：第一部分的人物，一般是作为主体出现的，它是画面的视觉中心；第二部分的树木，是作为陪体（陪体也称为宾体）出现的，它与人物形成了相互衬托、相互补充的关系；第三部分是作为前景出现的，这里的前景是指位于画面最前端的景物，这种景物既可以让画面形成一个过渡，还可以丰富画面的内容和层次，让画面更有看点，当然还有一些前景可以起到引导视线的作用；第四部分是背景，实际上背景就是一个光板的天空，它比较干净，一般来说，背景要干净一些，要避免因为不够干净显得杂乱而对主体和陪体等产生干扰；第五部分实际上就是背景的一部分，它也是画面的留白，一般来说留白在画面当中能够起到一定的营造意境的作用，渲染出"此时无声胜有声"的氛围。

004 主体与主题的区别是什么？

主题与主体，这两者都是构图的概念。对于一部电影来说，电影所反映的中心思想就是主题，照片也是如此；而电影的主人公，则是主体，通过塑造主体的表现力，可以让作品主题更加鲜明。如果主题不鲜明，无论是影视作品还是照片，都会让人感到枯燥、乏味。

这张照片当中，主题非常明确，就是乌兰布统坝上的迷人秋色；主体则是画面左下角出现的一些骆驼。利用主体来串联画面，能够让画面显得主次分明，有视觉落脚点，不会让人面对画面时产生茫然无措的感觉。

这张照片的主题同样是坝上草原的迷人秋色，有晨雾，有树木，有迷人的色彩。但是这张照片当中并没有非常突出的主体，远处的山峰虽然比较突出，但也只是作为一个兴趣点来呈现，它并不是主体。这类没有主体的画面，只要主题足够明确也是可以的。

005 构图的基本要求是什么？

好的摄影作品应该有非常鲜明的主题。主题就好比一篇文章的中心思想，鲜明的中心思想是必不可少的，这样画面才会给人更深层次的享受；如果主题不鲜明，画面就会乏味、枯燥。

对于摄影作品，除主题要鲜明之外，包含明显主体的画面也应该尽量突出主体，让画面有清晰的视觉落脚点，从而变得主次分明，更有秩序感，不会给人枯燥、乏味的感觉。要突出主体，简单的办法是把主体拍大，占据画面中足够大的面积。

凌乱的画面与干净的画面哪一种会给人更好的感受？非常明显，凌乱的画面会让人产生烦躁的感觉，让人不愿意再去看第二眼；而干净、主次分明、有秩序感的画面则会给人一种非常舒适的感觉，画面自然会变得更加耐看。所以好的摄影作品一定要有非常干净的画面。

摄影本身是一种艺术创作行为，与其他任何一种艺术创作相似，都需要将作者自身的真挚情感融入作品当中。这种情感表达可能会是非常个人化的情绪表达，也可能借助于照片当中一些爱情、亲情等情感来进行表达，从而实现对欣赏者的引导和影响，引起作者与欣赏者的情感共鸣。

这张照片非常典型，它之所以好看，是因为它符合几个审美标准。一是主体突出。作为古建筑的寺庙，它在干净的背景和前景修饰下，显得非常突出，而周边正在飞行的乌鸦，很好地对整体画面起到了补充和衬托的作用。二是背景当中的留白蕴含了一定的意境，给人一种寒冷、萧瑟的感觉。那么，这张照片就符合主体突出、主题鲜明、情感真挚等要素。

006 如何让画面背景更干净?

之前我们已经提过,干净的背景不会分散欣赏者的注意力,并能够对画面起到一定的衬托和修饰作用,但实际上我们拍摄照片时,并不是能够轻松寻找到非常干净又有一定表现力的背景。如果背景不够干净,通常我们要通过一些技术手段或取景的调整,让背景变得干净。

这张照片表现的是秋风中的芦苇,要重点突出芦苇的形态。如果背景杂乱,一定会对主体的表现力形成较大干扰,所以我们通过虚化背景的方式,从而让背景变得非常的柔和、干净,实现了突出主体的目的。从分析图可以看到,无论是近处还是远处的背景,都进行了极大虚化。原本背景当中一些比较浓重、比较黑的线条,也变得柔和、模糊。

这张照片通过调整取景角度,采用仰拍的方式,以非常干净的天空作为背景,就能够极好地突出主体对象以及前景的色彩、形态和纹理等。

007 如何用前景引导欣赏者视线？

之前我们已经介绍过，前景是非常重要的，它能够过渡视线、引导视线、丰富画面层次等。前景利用得好，可以提升作品的表现力。

这张照片中的前景有两个作用：一是围栏丰富了建筑自身的表现力，因为建筑本身就是黄瓦红墙，非常庄严肃穆，而浅色的围栏则让整个建筑群体给人的观感更加完整，表现力更强；二是前景呈现出的蜿蜒的线条，能够将欣赏者的视线引导到远处的宫殿主体上。

008 如何用前景增强画面深度?

实际上，前景还有另外一个非常重要的作用。通过靠近前景进行拍摄的画面当中，前景所占的比例会非常大，并得到夸张性的放大，这种放大会导致远处的对象变小，呈现出近大远小的空间关系，让画面显得更加立体，更有深度。一般来说，要表现这种空间感，要借助于前景来增加画面深度，通常是使用中小光圈和超广角镜头进行拍摄，要尽量靠近前景。

这张照片表现的是五台山里的一个日落场景。拍摄时，建筑自身显得有些凌乱，表现力不够，因此找到了这一处有黄色野花的植物作为前景，并且尽量靠近前景，将其夸大，最终得到了这种空间感极强的画面效果。

009 背景的作用是什么？

　　背景能够对画面起到修饰的作用，并且能够渲染氛围，但是之前我们也说过，背景一定不能杂乱。实际上，一般来说作为照片当中的平面，背景通常用于渲染氛围，交代一些拍摄的时间和环境信息，大多数情况下，背景主要用于交代照片拍摄时的时间和气象等信息。

这张照片中，漫天的红霞交代出了拍摄这张照片所处的时间，大概是拍摄于有朝霞或晚霞的时间，也就是日出或日落这一很短的时间段。当然如果对这个场景比较熟悉，那么就会知道，这是在日落后拍摄的一个场景画面。另外红霞还渲染了整个画面的氛围，让画面具有很强的感召力。

010 留白的作用及用法是怎样的?

留白是中国传统绘画艺术中的术语，是指常用一些空白来表现画面中需要的水、云、雾、风等景象。有时候使用这种技法比直接用景物来渲染表达更有意境，并能达到"此时无声胜有声"的目的。

留白可以使画面构图协调，减少构图太满给人的压抑感，能很自然地引导读者把目光放在主体上。

之前我们已经介绍过与留白相关的知识，留白可以为画面增加一种"此时无声胜有声"的意境。这张照片当中，天空上方有大片的留白，这种留白会让画面显得疏密得当，不会有过紧的感觉，并且天空上方的留白可以给人无限遐想。

011　怎样让没有陪体的画面更耐看？

　　陪体能够修饰主体，丰富画面内容，让画面更加耐看。但实际上在很多情况下，我们拍摄的照片当中，并没有陪体，只有主体非常孤独地伫立在画面当中。这种情况下，如果想要让画面有更好的表现力，那么主体自身的形状、纹理、质感等一定要好，这样画面整体给人的感觉才不会单调、乏味。

这张照片的主体是西湖中的一个石灯，整个画面本身是非常干净的，没有陪体对主体进行修饰，所以就需要石灯有较好的表现力。从画面效果来看，石灯自身呈现出冷色调，并且它有中国传统古建筑自身的美感，自身表现力是非常好的，再加上灯光呈现出暖色调，形成冷暖对比的色彩效果，画面整体给人的感觉并不会单调、乏味。

1.2
减法与加法构图

012 如何理解构图是减法的艺术？

摄影画面以简洁、干净为美，不能杂乱、复杂。让画面简洁、干净的方法有很多，其中，减法构图是一种非常有效的方法。减法构图是指通过景深的虚实变化以及视角的改变等方式来遮掩或处理掉画面中杂乱的景物，让照片变得干净。

这张照片当中，重点要表现的是古建筑与银河的相互呼应，那么对主体有干扰的其他事物都应该被排除掉。对于画面左侧建筑开始变杂乱的部分，我们就通过调整取景将其排除掉，而右侧有一些受光线照射的、比较明亮的护栏，我们也通过调整取景角度，将其大部分排除掉。所以画面整体给人的感觉是比较干净的。

013 什么是景深减法构图？

　　所谓的景深减法就是利用景深的变化虚化干扰元素，使不想要的景物处于焦外的模糊区域，而使要重点表现的对象处于焦内的清晰区域。利用虚化的景物遮挡杂乱的周边元素同样会起到突出主体的作用，实际上就是浅景深的应用效果。

这张照片中，整个场景比较杂乱，通过开大光圈，使用长焦距进行拍摄，那么就将背景虚化了，这是一种景深的减法。

014 什么是阻挡减法构图？

　　阻挡减法主要是借助于照片中的主体自身遮挡其他杂乱的元素，例如借助于主体将周边杂乱的一些背景元素给遮挡起来，或者是借助于照片当中的前景将周边的杂乱的干扰元素遮挡起来。当然也可以是借助于陪体等进行遮挡，即通过这种遮挡让画面整体变得更加干净，隐藏杂乱的细节。干净的画面中，主体会更加鲜明、更加突出。

这张照片要表现的是箭扣长城在云雾萦绕下的美景，远处可能会有一些杂乱的山体或者村庄。而在这个画面当中，借助于翻腾的云雾遮挡了远处的杂乱元素，让画面变得更加干净，这就是一种阻挡减法。

015 什么是夸张减法构图?

通过夸大主体来弱化杂乱的景物，削弱其他景物对画面整体的影响，也可以让画面显得干净，这是一种夸张的减法构图形式。

这张照片中，我们可以看到除主体建筑之外，还有很多杂乱的建筑、道路、路灯、植物等，但画面整体给人的感觉仍然是非常干净的。这种干净主要来自我们拍摄时夸大了建筑自身的高度和宽度，给人一种心理上的错觉，即画面当中只有一座主体建筑。这是一种对主体进行夸张的减法构图。

016 如何理解构图是加法的艺术？

加法构图与减法构图相反。使用减法构图时要避免照片不干净导致画面杂乱，但如果画面过于干净则会变得单调，这时就需要使用加法法则。

对于特别干净的场景，如果我们无法等到画面中出现变化的瞬间（例如突然出现的羊群、牛群、马群、人物等），可以通过调整取景角度找到合适的视觉中心或主体景物并对其进行强化，营造出一个虚拟的主体，使画面层次丰富起来，也就有利于表现画面的主题。这种方法在拍摄草原、大海等题材时特别实用。

这张照片表现的是非常干净的夏季草原，色彩非常纯净，我们能够联想到草原旺盛的生命力。但是如果没有马群以及人物的出现，那么画面会缺少一些生机和活力，而作为主体的马群出现之后，会发现它有两个好处。第一个是我们的视线有了落脚点，画面整体上更加有秩序感，周边的草原、树木等都是为主体服务的。从这个角度来说，画面会给人干净的感觉。另外，它还让画面增添了一种生机勃发的感觉。

1.3
经验性构图

017 何为封闭式与开放式构图？

　　封闭是指尽量将所拍摄的对象拍全，让它形成一个完整的景物区域，更多强调景物的完整性。开放是指截取并表现物体的局部，强化物体的细节和视觉冲击力，并且能够让欣赏者将注意力放在画外展开想象。封闭与开放的概念与完整和残缺的概念有些相似，但是侧重点不同。接下来通过具体的案例具体分析。

这张照片采用封闭式构图，让人能够完整地了解到这座吊桥建筑的全貌，以及周边的环境信息。

这张照片采用开放式构图，只截取了吊桥的局部，表现出了建筑自身的高度，另外它还可以让欣赏者将注意力集中在画面裁切边缘之外的区域，让人想象桥的下方是什么状态，是道路、河流，还是其他景物。这是开放式构图的好处。当然，使用开放式构图时，应该注意避免出现构图不完整的问题。

018 如何理解构图的完整性？

构图具有完整性与残缺感。所谓的完整性是指我们能否将被摄对象完整拍下来，能否让景物给人完整的视觉感受。这种完整并不是拍摄物体的所有部分，而主要是一种视觉感受。残缺感则正好相反，有时候即使将人物或其他主体的绝大部分都拍了出来也会给人一种残缺感，这就是构图不完整的表现。所以构图的完整和残缺也是非常重要的构图知识，初学者经常会犯这方面的错误。

这张照片给人的感觉非常别扭，之所以别扭，是因为画面下边缘裁切到了人物的脚踝处。对于人像摄影来说，如果取景边缘裁切到了人物的某些关节，如脚踝、膝盖、臀部、手腕、手肘、肩部等，那么画面都会给人一种残缺的感觉，这就是典型的构图不完整。

再来观察这两张照片。左侧这张七分身构图的画面，虽然它的取景范围比之前的照片还要小一些，但是画面却不会给人构图不完整的感觉，这是因为避开了切割人物关节。而右侧的照片是一个非常完整的封闭性构图，它将人物所有的部分都取全了，那么画面就给人比较完整的感觉，不会有残缺感。

这种构图的完整与不完整，并不是只在人像摄影当中才会有，实际上在风光摄影当中，构图不完整的情况也比较多。例如取景时发现画面不协调，多半是因为前景构图不完整，给人残缺感，所以导致画面整体让人感觉难受。

019 什么是紧凑与不紧凑的构图？

　　有时我们拍摄的照片会显得非常松散，所谓松散是指周边无效区域过多，主体不突出，并且主体与周边的一些空白区域联系不紧密，那么整体就显得松松垮垮，这是一种不紧凑的画面构图。而如果四周空白区域比例比较合理，既能够丰富画面的层次，又不会对主体的突出产生较大影响，那么就会显得紧凑，构图比较合理。这种画面构图的紧凑与松散是摄影创作当中的一大难点，考验了我们的构图感，初学者把握起来比较有难度。例如在构图时，要考虑背景的取景范围多大才能够有更好的视觉效果，让画面不会显得松散。只有经过长时间的拍摄才能够有比较好的构图感。

观察这张照片，你会发现一个非常明显的问题，就是画面主体不够突出。但是本质上这种不够突出是因为四周空旷的区域过多，如果用比较专业的方式来进行描述，就是构图不紧凑。

那么再来看这张照片，可以看到主体的形象更加突出，主体自身的动作、表情等都变得更加清晰。这是因为画面四周过于空旷的区域被裁掉了，画面显得更加紧凑，主体就会更加突出。

020 "疏可走马，密不透风"是什么意思？

我国清代书法篆刻家邓石如曾引述并发展了前人的名言："疏可走马，密不透风。"中国画家常借用这句话来强调疏密、虚实之对比，并以此反对平均对待和现象罗列。"疏"，是指空的地方可以让马驰骋；"密"，是指密集的地方连风都透不过去。

这张照片就做到了"疏可走马，密不透风"。照片当中的前半部分林木稀疏，有大片的草原，这些地方空间比较多，给人比较开阔的感觉；而远处是茂密的树林，给人一种密不透风的感觉。这种"疏可走马，密不透风"的画面效果，会给人张弛有度、布局比较合理的感觉，令人感觉比较舒适。（"√"表示疏可走马区域，"×"表示密不透风区域。）

021 画幅的横竖如何选择?

　　画幅分为横画幅与竖画幅,所谓横画幅与竖画幅是指拍摄时使用横幅拍摄还是竖幅拍摄。横幅拍摄主要用于拍摄风光摄影类等题材,它能够兼顾更多的水平景物。由于人眼视物是从左向右或从右向左的,相当于在水平面上左右移动,所以横幅拍摄更容易兼顾地面的场景对象,表现出更加强烈的环境感与氛围感。竖幅拍摄也称为直幅拍摄,使用这种拍摄方式时,画面的上下两部分的空间更具延展性,有利于表现单独的主体对象,如单独的树木、单独的建筑或山体等,能够强调主体自身的表现力。

　　人眼所见的景物大多不是自上而下分布的,自上而下分布的景物没有太多的环境感,所以使用横幅拍摄更容易交代拍摄环境。

这种竖画幅,特别是表现单独建筑或人物的画幅,大多可用于强化主体对象自身的高度。从照片当中可以看到,建筑给人的感觉是非常高的,这也是通过竖画幅来进行强调的。

而这张照片虽然依然表现的是单独的建筑，但是我们强调的不是它的高度，而是周边的环境。它比较完整地将建筑周边的环境信息很好地呈现了出来，这是横画幅的优势。

022 视角高低有什么区别？

在拍摄时，如果相机镜头的朝向高于水平面并与水平面有一定夹角表示仰拍；相机镜头与水平面平行表示平拍；相机镜头低于水平面并与水平面有一定夹角则表示俯拍。不同角度拍摄的照片有不同的特点，也会带来不同的视觉感受。

平拍的画面更接近于人眼视物的视角，能够让画面看起来非常自然，但是平拍的画面要想让照片有更好的表现力，往往需要借助于所拍摄的场景自身的表现力，如果所拍的景物表现力不够好，那么平拍的照片效果也不会特别理想。总的来说，平拍的优势是画面非常自然，劣势是画面的冲击力不够。

俯拍是借助于视角的高度，让人眼以及相机可以纳入更多远处的景物，能够在同一个画面中表现出更多景物，适合创作风光摄影类的题材。需要说明的一点是，如果采用极高的航拍方式进行拍摄，就可以得到上帝视角的照片。

仰拍应采用竖画幅的方式进行拍摄，强化景物的自身高度。

这张照片采用高机位进行俯拍，将主体周边的建筑概况甚至极远处的江对岸的建筑以及连绵的山峰等很好地呈现出来，这是高视角构图的一个优势。在风光摄影当中，高视角俯拍是一种常见的取景角度。

这张照片则是平拍的，它给人的视觉效果是比较平和、自然的，因为它更符合人眼视物的视角，画面效果与人眼直接看到的效果比较相似。但是这种平拍的照片有一个非常大的问题，就是容易让画面显得比较平淡，所以在取景时往往需要画面自身具有很好的表现力。这张照片恰恰如此，它表现出了德天瀑布的概况。

023 何为"色不过三"?

摄影作品中,对色彩的控制,其实就是前面所说的画面要干净。如果画面的色彩繁杂,那就不利于突出主体景物,进而强化主题。初学者千万不要想着保留下拍摄场景中所有漂亮的色彩,那样会让你的拍摄失败。

在拍片时,应该记住这样一个规律:色不过三。这并不是说照片中的色彩一定不能超过三种,而是要求我们有这样的一个概念,即色彩不宜过多、过杂。

画面的色彩要简洁、干净,要遵守"色不过三"的规律。如果画面的色彩繁杂,就不利于突出重要景物、强化主题。在拍照时,初学者往往会陷入一个误区,那就是想要把所有漂亮的色彩、景物全部纳入画面,这样拍摄出的照片注定会失败。

如果严谨地说,这张照片当中的色彩是比较多的,有黄色、橙色、红色、蓝色、绿色等色彩,但画面整体给人的感觉依然非常干净,这是因为通过统一色调将画面色调处理成了两种比较主要的色调,一种是冷色调,另一种是暖色调,冷暖这两种色调就形成了强烈的对比,让人忽视其他的色彩。这是一个通过在构图时控制色彩实现"色不过三"的很好的案例。

024 什么是质感?

　　质感是指所拍摄的照片或实际景物的表面的纹理、材质呈现出的感觉。例如,水泥墙体凹凸不平的表面,能够让我们感受到墙体的材质;而树木表面的纹理,可以让我们感受到植物的材质,这就是质感。一般来说,摄影作品好的呈现方式是能够尽量呈现或还原被摄对象的质感,这样画面会有更好的表现力和视觉冲击力。如果质感不够理想,那么画面的冲击力往往不会特别强烈。要表现出被摄对象的质感,需要借助镜头焦距的变化、光影的采光角度变化以及曝光程度的变化,以此来强化画面中被摄对象的质感。

这张照片当中,无论是猫的面部还是脖子,甚至是躯干部分的绒毛,都有一种毛茸茸的质感,这种质感非常强烈。由于画面的质感比较好,虽然看似是非常简单的动物照,但能够给人非常好的感觉。

025 如何借助镜头强化景物质感？

要表现出被拍摄对象的强烈质感，有两种方法。一是借助光影的力量；二是靠近物体拍摄，越近越能够表现出被拍摄对象表面的一些纹理、细节。但如果我们离被拍摄对象距离比较远，那么应该怎么办呢？其实也非常简单，只要使用长焦镜头将被拍摄对象拉近，这样也可以呈现出被拍摄对象表面的质感。

这张照片借助于长焦镜头，将自行车、车胎以及一些金属框架的局部（图中"√"区域）拉近，拉近之后，我们从画面当中可以明显感受到橡胶的质感以及金属的质感。

026 如何借助光线强化景物质感？

　　要表现质感，借助于光线其实是一种很好的形式。低照度的光线会在景物表面一些凹凸不平的位置拉出长长的阴影，那么这种阴影就会导致景物表面产生一些明暗变化，这种变化给人的观感非常直接，能够让人判断出景物表面的材质、纹理，让人感受到景物的质感。

这张照片中，可以看到非常明显的日出或日落时分的低照度的光线，它能更容易表现出雪地表面被风吹过的纹理，拉出长长的阴影，这种阴影就强化了雪地的质感。即便近景当中有大片的空白，只要这片空白呈现出了很好的质感，那么画面整体给人的感觉也是非常好的。

027 曝光对于景物质感有何影响？

之前我们已经说过，低照度的光线可以让凹凸不平的景物表面拉出很长的阴影，那么如果光线的照度不够低或是曝光不准确，都会对质感产生较大的破坏。只有曝光相对准确，或者将曝光值设置得稍微低一些，才更有利于呈现出景物自身的质感。

这张照片当中，虽然近景都处在阴影当中，但是由于雪面的一些反光让近景的雪地表面呈现出了很好的质感，而远处稍稍有些过曝，导致山体斜坡的质感有所弱化。当然可能你会觉得受光线照射的那一部分的质感也非常强烈，但那是因为没有进行对比。

这张照片当中，你会发现受光线照射的山坡因为曝光比较合理，所以它的质感更加强烈。明暗对比的效果越强，质感就会越强烈，这种明暗对比主要是通过合理的曝光来实现的。

028 什么是空间感，如何强化画面空间感？

一般而言，空间感是指实体空间给人的视觉感受。在摄影艺术创作当中，空间感是指将实际所拍摄的场景在抽象的画面中表现出来，借助线条的走势、影调的分布，让画面更加立体、深邃、真实，而不是扁平、没有空间感。

这是一个非常直观的立方体，它本身就是一个在平面上绘制的简单图形，但是能感觉到它是一个立方体，这是因为我们直接观察到的三个平面是有明暗差别的。这种明暗差别，也就是影调的变化，最终让简单的图形呈现出了立体感。

这张照片当中，画面的影调层次非常丰富，并且主体建筑、水面等都有很好的明暗变化，即便画面不是特别漂亮，但是整体给人的感觉还是非常真实、非常具有立体感的，也就是空间感很强。

这个图形更为简单，依然是一个立方体。我们不说它是几条简单的线条，而是一个立方体，是因为图形当中有透视的变化。即便没有我们之前所说的影调变化，但因为有这种透视关系存在，仍然可以给人一种立体感和空间感。

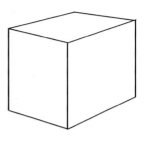

这张照片拍摄的是夜景，没有太好的光线透视关系，也就没有由于强烈的光源照射而产生的受光面明亮、背光面阴暗的合理关系。这张照片的立体感更多是来自线条的变化，强烈的透视让画面显得非常立体。

029 如何让画面取得视线的平衡？

一般来说，画面的视觉平衡的内在含义是比较丰富的。如果一张照片当中，水平线和竖直线发生了倾斜，那么就是一种视觉的不平衡。当然这非常简单，并且后续我们在其他的章节中也会详细介绍，这里我们主要介绍视觉平衡中非常特殊的两种情况。

一种是运动主体前方要留有充足的空间；另一种是主体视线前方或朝向的前方也要留有充足的空间。

这张照片当中，两只鸳鸯有一种自画面左侧向右侧移动的趋势，那么我们在构图时，就一定要为主体运动趋势的前方留下充足的空间，避免给人一种主体随时会触到画面边缘的感觉。如果前方留有的空间不够，那么画面一定会给人非常难受的感觉。

第二种方式是为主体视线前方留下
充足的空间。在这张照片当中，这
只鸟的前方的空间非常小，所以画
面整体给人的感觉就会非常不协调、
不舒适，这也是一种视线的不平衡。

030 什么是二次构图？

二次构图是摄影创作当中非常重要的一个环节。所谓的二次构图是指我们拍摄照片之后对照片进行裁剪，从而实现构图的变化。但从另一种角度来说，对照片影调层次的优化、色彩的修饰、污点的消除等都是二次构图的过程。

某些特殊情况下，由于器材受限我们不得不进行二次构图。例如镜头焦距不够，拍摄的视角就会比较大，如果只想表现场景当中的某一部分，就需要裁切画面，进行二次构图，截取想要的部分。还有一种情况，当距离要拍摄的对象距离过远时，即便使用了长焦镜头，但焦距仍然不够长，这种情况下可能也需要进行二次构图，强化主体。

这张照片当中，画面左侧的一些元素对主体人物起到了一定的干扰作用。虽然对于风光题材来说，表现的景物越多，画面整体给人的环境感越好，但如果环境当中有一些景物干扰了主体的表现力，那么我们就应该将其裁掉。

裁掉干扰物之后的画面，整体变得更加干净、简洁，这就是一种二次构图的方式。当然，对照片进行影调、色彩的后期处理，实际上也是一种二次构图的方式，在后面的章节中我们还会进行详细介绍。

1.4
取景视角

031 景别中的远景有什么特点?

　　远景、全景等说法,最初并非摄影领域的概念,而是源于电影摄像领域,一般用来表现远离摄影机的环境全貌,展示人物及其周围广阔的空间环境,如自然景色和群众活动大场面的镜头画面。它相当于从较远的距离观看景物和人物,视野宽广,能包容广大的空间,人物较小,背景占主要地位,画面给人以整体感,细节却不甚清晰。事实上,从构图的角度来说,我们也可以认为这种取景方式适用于一般的摄影领域。在摄影作品当中,远景通常用于介绍环境,抒发情感。

　　远景这种说法最早来源于电影领域,在开始拍摄某个场景时,往往会以远景的视角将整个环境的地貌、时间及活动信息交代出来,在摄影创作当中,同样如此。

这张照片当中,利用远景表现出了山体所在的环境信息,将天气、时间等信息交代得非常完整。虽然细节不是很理想,但是有效地交代了环境、时间、气候等信息。

032 全景的特点是什么？

全景是指表现人物全身的视角。以较大视角呈现人物的体形、动作、衣着打扮等信息，虽然表情、动作等细节的表现力可能稍有欠缺，但胜在全面，能以一个画面将各种信息交代得比较清楚。

这张照片以全景呈现人物，将人物的身材、衣着打扮、动作、表情等都交代了出来，信息比较完整，给人的感觉比较好。

全景在摄影当中还被引申为一种超大视角的、接近于远景的画面效果。要得到这种全景画面，需要进行多素材的接片。前期要使用相机对着整个场景局部持续地拍摄大量的素材，最终将这些素材拼接起来得到超大视角的画面，这也是一种全景。

这张照片就是一个全景接片的画面。

033 中景的特点是什么？

与远景、全景相比，中景比较好理解。中景是在取景时主要表现人物腿部以上的部分，包括七分身、五分身等，都可以称为中景。表现中景的画面时要注意一个问题，取景时不能切割到人物的关节，如胯部、膝盖、肘部、脚踝等部位，否则画面会给人一种残缺感，构图不完整。运用中景，不但可以加深画面的纵深感，表现出一定的环境、气氛，还可以通过镜头的组接把某一冲突的经过叙述得有条不紊，因此常用以叙述剧情。

这张照片就是摄取人物膝盖以上部分的电影画面。

通常情况下，截取位置在人物的胸部的画面称为近景。拍摄这类镜头时，在构图上尽量避免背景太过复杂，使画面简洁，一般多用长焦镜头或者大光圈镜头去拍摄，利用小景深虚化背景，使得被摄对象成为观众的目光焦点。拍摄近景和中近景镜头时，除了简洁的构图，对演员情感的把握也具有严格的要求，这类景别无法表现恢宏的气势和广袤的场景，但是其细节的刻画和表现力是全景以及远景无法比拟的。

中景相对于全景，对人物肢体动作的表现力要求更高。拍摄中景的人像画面，人物的动作一定要有所设计，要有表现力。

中景的距离更近，所以除人物的动作设计之外，还要兼顾人物的表情，即中景人像的人物表情不能过于随意。

034 特写的画面特点是什么？

特写是指拍摄人像的面部、被摄对象的局部。特写能表现人物细微的情绪变化，揭示人物心灵瞬间的动向，使观众在视觉和心理上受到强烈的感染。特写人像无法表现人物的肢体动作，可能只会拍到人物肢体的局部，如手、手臂等。但是由于特写拍摄的距离非常近，所以能够非常直观地表现人物的面部表情、五官的精致程度和情绪情感等。

这张照片中，人物面部的五官、眼神情绪等都表现得淋漓尽致。

有时候，我们还会以特写视角来表现人物、动物或其他对象的重点部位，此时更多呈现的是重点部位的细节和特色。

这张照片表现的就是人物面部的细节和轮廓。

1.5
画幅比例

035 1：1画幅比例有什么特点？

　　从摄影最初的发展来说，1：1是比较早的一种画幅形式，其主要来源于大画幅相机6：6的比例。后来随着3：2及4：3的兴起，1：1这种比例形式逐渐变得少见，但对于一些习惯于使用大中画幅拍摄的用户来说，1：1仍然是他们的最爱。当前许多摄影爱好者为追求复古的效果，也会尝试1：1的画幅比例形式。

这张照片中，强调明显的主体对象时，1：1的方画幅是非常理想的，它有利于强化主体对象并兼顾一定的环境信息。

036 如何看待4∶3与3∶2的画幅比例？

其实，1∶1的画幅比例远比3∶2的画幅比例历史悠久，但后者在近年来非常受欢迎，这说明这种画幅比例形式是具有一些明显优点的。3∶2最初起源于35mm电影胶卷，当时徕卡镜头成像圈直径是44mm，在中间画一个矩形，长约为36mm，宽约为24mm，即长宽比为3∶2。由于徕卡在业内是一家独大，几乎就是相机的代名词，因此这种画幅比例自然就更容易被业内人士接受。

当前消费级数码相机领域，3∶2是主流，无论佳能、尼康还是索尼，主要拍摄的照片长宽比都是3∶2。

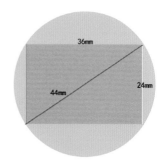

图中，绿色圆为成像圈，中间的矩形长宽比为36∶24，即3∶2。虽然3∶2的比例并不是徕卡有意为之，但这个比例更接近于黄金比例却是不争的事实。这个美丽的巧合也成了3∶2能够盛行的另外一个主要原因。

图为佳能单反相机拍摄的照片。

4：3也是一种历史悠久的画幅比例形式。早在20世纪50年代，美国就曾经将这种比例作为电视画面的标准比例。这种画幅比例能够以更经济的尺寸展现更多的内容，因为相比3：2及16：9来说，这种比例更接近于圆形。

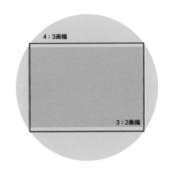

4：3画幅比例示意图。

4：3具有悠久的历史，所以时至今日，奥林巴斯等相机厂商，仍然在生产4：3的相机，并且也仍然拥有一定数量的拥趸。毕竟其曾经数十年作为电视画面的标准比例，所以用户在看到4：3的比例照片时，并不会感到特别奇怪，依然能够欣然接受。

4：3比例的画面。

4：3的画幅比例在塑造单独的被摄主体形象
时，具有一些天生的优势。类似于1：1的画
幅比例，它可以裁掉左右两侧过大的空白区域，
让画面显得紧凑，让被摄主体显得更近、更突出，
如图所示。

037 16：9与18：9画幅比例的区别是什么？

　　16：9、18：9等画幅比例代表的是宽屏系列，这种比例比较
符合人眼的视觉习惯。

16：9这类宽屏起源于20世纪，影院的
老板们发现宽屏更能节省资源、控制成本，
并且适合人眼的观影习惯。人眼是左右分
布的结构，在视物时，习惯于从左向右，
而非优先从上往下地观察。所以一些显示
设备比较适合使用宽幅的形式。

　　从 21 世纪开始，以计算机显示器、手机显示屏等为主的硬件厂商，发现 16 ：9 的宽屏比例更适合于投影播放，并可以与全高清的 1920 像素 ×1080 像素比例相适应，因此开始大力推进 16 ：9 的屏幕比例。近年来，16 ：9 的比例几乎占据了手机与计算机屏幕的天下，很少能够看到新推出的 4 ：3 比例的显示设备了。

当前的手机主要画幅比例为 18 ∶ 9，即 2 ∶ 1 的长宽比。2 ∶ 1 的长宽比不一定能够从最大性能上发挥手机的像素优势，如某款手机的摄像头像素为 1200 万像素，实际上长宽比是 4 ∶ 3，即长边是 4000 像素，宽边是 3000 像素，两者相乘得到 1200 万像素，只有以 4 ∶ 3 的比例拍摄才能够得到最大像素的照片。如果以 18 ∶ 9（即符合手机屏幕长宽比的比例）来拍摄，虽然能够得到 18 ∶ 9 的长宽比的照片，但实际上会裁掉照片的两个宽边的部分像素。也就是说，实际上以 18 ∶ 9 的比例拍摄的照片像素不足 1200 万像素，长边仍然是 4000 像素，而宽边的像素会被减少，所以总像素要少于 1200 万，不利于使照片达到最优画质。

这张照片是用 18 ∶ 9 的比例拍摄的，将建筑物的高度表现得非常好，但实际上却是裁掉了画面两边的部分像素。

第二章

黄金构图
及应用

黄金构图是摄影构图当中重要的一种法则，运用黄金构图的画面既能更容易突出主体位置，又可以让画面充满美感。另外，借助于黄金构图可以延伸出非常多的构图形式，并且效果都非常好，常见的如三分法构图、九宫格构图、黄金螺旋线构图等。下面我们进行详细介绍。

2.1
黄金分割

038 什么是黄金分割？

古希腊学者毕达哥拉斯发现，将一条线段分成两份，其中，较短的线段与较长的线段之比为 0.618 : 1，这个比例能够让这条线段看起来更加具有美感；并且，较长的线段与这两条线段的和的比值也为 0.618 : 1，这是很奇妙的。

切割线段的点，也可以称为黄金构图点。在摄影领域，将重要景物放在黄金构图点上，那么景物自身会显得比较醒目和突出，也比较协调、自然。

$b : a$=0.618 : 1，$a : (a+b)$=0.618 : 1。

光圈 f/4，快门 1/640s，焦距 80mm，感光度 ISO100

将视觉中心大致放在照片长边的黄金构图点上，是非常好的选择，这会让主体对象既醒目又协调、自然。

039 斐波那契数列是什么意思?

1、1、2、3、5、8、13，这组数值有什么特点？答案在于任意一个数值都等于前面两个数值的和，同时，越往后排列，临近两个数的比值越接近黄金比例 0.618：1。这组值被称为斐波那契数列，根据这组值画出来的螺旋曲线，被称为黄金螺旋线，这是自然界中最完美的经典黄金比例。

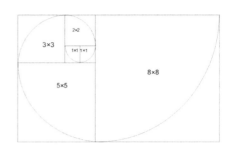

螺旋线的画法：多个以斐波那契数为边的正方形拼成一个长方形，然后在每个正方形里面画一个 90 度的扇形，连起来的弧线就是斐波那契螺旋线。

这张照片中的人物在黄金螺旋线中心的位置，这样既可以突出主体人物，又可以为画面要重点表现的星空和流星雨留下充足的空间。

040 黄金分割在摄影中的第1种应用是怎样的?

　　借助于黄金分割,我们可以将照片取景的画面按上下、左右划分,分为 4 个部分。两条线与边的交点位置,我们可以称其为黄金构图点。实际上这样的黄金构图点总共有 4 个,将主体放在这 4 个位置上,既利于突出主体又可以让画面充满美感。

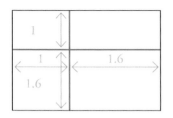

要按照 1 ：1.6 的比例分割画面还有一种方法，就是在一个正方形中，取一条边的中点，连接其中的一个角，以连接线为半径画圆，与底线相交处的位置作为另外一个点，绘制出一个矩形，这个矩形是取景的照片画面，正方形的一条边就是一条黄金分割线。

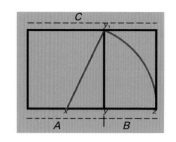

原正方形的两个端点 y_1 和 y 均为长边的黄金构图点。

通过黄金分割，我们可以看到作为主体的动物出现在黄金构图点上，动物整体显得比较醒目，画面有秩序感、有美感。

041 黄金分割在摄影中的第2种应用是怎样的?

在长宽比为 3 : 2 的画面内, 连接其中的一条对角线, 然后由另一个角向这条对角线引一条垂线,那么垂足位置也是黄金构图点, 这是黄金构图法则的另外一种表现形式。

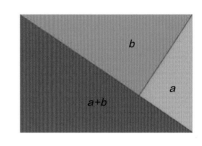

在右图中, 标出了 a、b 和 $a+b$ 3 个区域。a 与 b 的面积比值等于 b 与 $a+b$ 的面积比值, 它们的面积之比接近于黄金分割比例。所以这也是一种黄金构图法则的应用。

先不要考虑这张照片中的人物部分，从整体的钢筋架构来看，画面实际上是被切割为 3 个比较大的部分，如图中标注的 1、2、3。第 1 部分与第 2 部分的面积之比是 1∶1.6，而第 2 部分与第 3 部分的面积之比又接近 1∶1.6，这也是黄金分割的另外一种用法。让画面中各个区域面积的比例接近于黄金比例，那么画面整体给人的感觉也是比较协调和富有美感的。

042 黄金分割在摄影中的第3种应用是怎样的？

在进行黄金分割时，很多时候我们可能无法让景物的面积比例呈现出很好的黄金比例，但对角线与它的垂线、垂足位置，接近于黄金构图点的位置。我们将主体放在垂足也就是黄金构图点的位置，也是一种黄金分割的应用。这样有利于突出主体，并让画面充满美感。

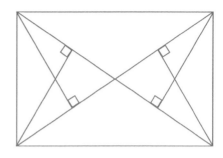

画面中的 4 个位置均为黄金构图点。

这张照片当中，骑在马上的人物出现在黄金构图点上，显得非常突出、英姿飒爽，而画面整体又非常协调，效果很好。

043 黄金分割在摄影中的第4种应用是怎样的？

　　黄金构图法则在摄影后期软件中以构图辅助线的形式出现。如果我们选择裁剪工具之后，选择黄金比例，在裁剪照片时，就可以非常方便地将主体或视觉中心放在构图点上，帮助我们进行二次构图。

对于这张照片，选择裁剪工具之后，因为设定了黄金比例的辅助线，人物的眼睛基本上是出现在黄金构图点上，所以这张照片的构图是合理的。面对一些不是特别合理的构图，我们就可以通过裁剪，让想要的主体或者视觉中心出现在黄金构图点上。

2.2
三分法与九宫格构图

044 三分法与黄金分割有什么关系?

用线段将照片画面的长边和宽边分别进行三等分,线段所在的位置其实是黄金构图点所在位置的附近,也近似于黄金构图,这便是三分法构图的由来。

三分法特别简单,在一张照片当中,无论是从上到下进行三分,还是从左到右进行三分,都是比较典型的三分法。对于三分法构图来说,无论是画面的左边还是右边都可以作为三分的基础来切割画面。

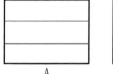
A

B

两种三分切割的方式。

这张照片当中，天空本身的表现力有所欠缺，重点应该表现地景的人物以及长城。所以采用三分法构图时天空占了 1/3，也就是比较小的比例，而地面重点的景物部分占据了更大的比例，画面整体的效果就会更好。

045 九宫格与黄金分割有什么关系？

　　将画面的上下、左右进行三等分，用线条连接一定会相交出 4 个点，并且有一个井字形的结构，这种井字形的结构也称为九宫格构图或井字形构图。这本质上也是一种三分法，但与三分法不同的是：三分法重点在于切割画面；而九宫格构图更侧重于强调点的位置。也就是说，照片当中的主体位置位于九宫格的交叉点上。

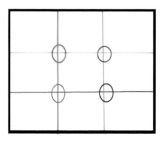

九宫格示意图。

这张照片当中，作为主体的马出现在了九宫格的交叉点上，实际上这种交叉点是接近于黄金构图点位置的，我们也可以在某种程度上将其称为黄金构图。

2.3
黄金构图的实战应用

046 风光题材中三分线的选择技巧有哪些?

采用三分法构图时,可能是天空部分占据画面的大部分,也可能是地面部分占据更大面积,往往需要根据实际景物的分布来具体安排和构图。

一般来说,在风光摄影场景中,大多数情况下要根据天空与地景的比例来划分画面。比较传统的说法是:如果天空的云层表现力比较强,可以让云层占据 2/3 的面积,地景占据 1/3 的面积;如果天空或云层的表现力有所欠缺,可以让地景占据 2/3 的面积,天空占据 1/3 的面积。但在实际的应用中,个人感觉如果云层的表现力不是特别值得拍摄,或者不是特别好,大部分情况下,要让地景占据更多的面积,也就是说天空占据 1/3 的面积的情况会比较多。

这张照片当中，天空有祥云，色彩也比较漂亮，但考虑到地景中的长城是我们要表现的主体，所以采用三分法构图时，地景会占据 2/3 的面积。

这张照片情况就比较特殊,天空的霞云色彩比较瑰丽,地景的表现力则有所欠缺。因为地景要重点表现的有近处的大剧院与远处的中国尊,但是周边的景物显得相对比较杂乱,所以地景占1/3的面积,而天空占2/3的面积。

047 人像摄影中三分法的两种经典应用是怎样的？

　　在人像摄影中，三分法的应用通常有两种形式。一种比较稳妥的形式是，无论是个人肖像还是人像写真，都要将人物的眼睛放在画面的上1/3处，这样欣赏者在观看画面时会感觉画面非常自然，有一种舒适的感觉。

这张照片整体非常简单，人物所占面积比例也不大，但画面依然给人非常协调的感觉，主要就是因为人物的眼睛是位于画面的上 1/3 处，使画面整体的布局比较协调。

人像摄影的另外一种三分法构图的应用是先不要考虑人物的眼睛，而是将人物整体的身段放在画面的左侧或右侧 1/3 处。使用这种三分法构图，也是一种比较稳妥的选择。

这张照片当中，人物整体的线条位于右侧三分线上。

048 花卉摄影中的黄金分割应用场景是怎样的?

对于强调单独个体的一些题材或场景，黄金分割的应用是非常广泛的。大多数情况下，我们可以将主体放在黄金构图点上，并且黄金构图点的寻找方式也比较丰富，可以直接是通过九宫格构图，也可以通过画对角线与垂足来寻找黄金构图点，无论哪一种方式都能够让画面整体显得非常协调，主体突出。

这张照片中的花朵以及蜜蜂就出现在了黄金构图点上。即便看起来是非常简单的一个画面，整体也给人比较协调、自然的感觉。

049 花卉摄影中的黄金螺旋线构图是怎样的？

拍摄花卉时，如果花朵非常繁杂，整体给人杂乱的感觉，这时可以只寻找几朵花进行呈现，并将花朵放在黄金构图点上，效果也会比较好。

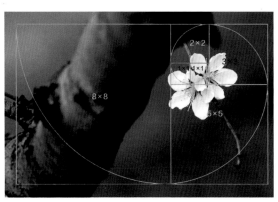

这张照片将桃花放在了黄金螺旋线的中心位置。

050 动物摄影中的黄金螺旋线构图是怎样的？

很多时候我们看人物或动物的照片，会发现其眼睛并不位于黄金构图点上，而是更靠近画面边缘，即眼睛是位于黄金螺旋线中心位置的，这样画面整体给人的感觉会比较协调。

这张照片当中，动物整体位于画面中心位置，但是眼睛的位置偏画面的右上方。如果我们通过黄金螺旋线进行判断，可以发现动物的面部或者眼睛位于黄金螺旋线中心位置。

051 实战中的黄金构图点是如何拓展的？

在一个长宽比是 3：2 的画面中连接两条对角线，然后将每一条对角线进行 6 等分，等分点位置实际上都是比较适合放置主体的，通常将这种构图方式称为视点构图。如果我们仔细观察，会发现内侧的等分点更接近于黄金构图点的位置，而外侧的等分点更接近于黄金螺旋线中心的位置。除视点构图的点之外，在这张图片中，左侧和右侧的两条竖线也比较适合放一些人物、树木或其他比较明显的、具有一定高度的主体对象，效果也比较好。

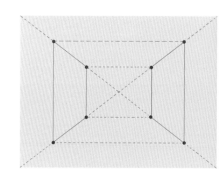

视点构图示意图。

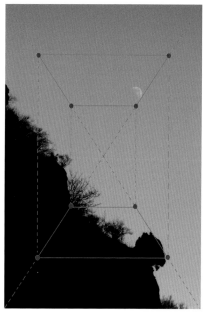

这张照片的画面整体给人比较协调的感觉，并且有一种地景与天空的月亮相互呼应的关系，比较耐看。如果我们仔细分析画面，会发现月亮大致位于黄金构图点的位置，而地景中的突起位于黄金螺旋线的中心位置。

第三章

透视

透视在摄影构图中是一个非常重要的概念，也是很有意思的现象。很多人没有意识到它的重要性，在构图完毕后对照片进行后期处理时就会产生新的问题，例如不知道如何去处理、优化照片，才能让照片更有空间感，让整体的结构更加紧凑、协调。本章将介绍关于透视的全方面知识。

3.1
透视概念与基本应用

052 构图中的透视是什么意思？

透视最初来源于西方古典的绘画元素，这与中国传统绘画中的布局是有异曲同工之妙的。透视是指将实际的景物投射到一个假想的平面上，这个假想的平面有可能是一块画布，也可能是当前所说的相机的底片。

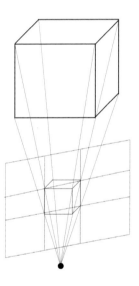

将实物的大小、距离等实际比例缩小到一块很小的画布上，如果画布上的景物投影表现出了实际景物的大小比例，那就可以说这种投影符合人眼的视觉规律，即符合透视规律。按照这种透视的理论，我们看实际景物时，近处的一棵树的投影比例可能是大于极远处的山体的，但如果从投影的画面上看，山体大于树木，那就表明投影不符合透视规律。

　　符合透视规律的摄影作品看起来非常自然、舒服，但也可能让人感觉平淡；而不符合透视规律的作品，我们看起来可能会得到更强的视觉冲击，但也有可能会让人感到烦躁、难受，因为它打破了人眼的传统视觉习惯。

　　在摄影领域，是否能够拍摄出景物的真实透视规律，这要根据摄影器材的不同而定，后面会进行详细介绍。

仔细观察，可以看到近处的建筑物比较大，远处的建筑物比较小，有一种近大远小的几何透视关系。近处清晰，远处有些模糊，这是一种影调的透视。关于影调透视，后续我们还会详细介绍，这种符合透视规律的画面整体会让人感觉非常自然、舒适。

053 焦距与透视的关系是怎样的?

符合透视规律的照片，画面看起来更加自然；不符合透视规律的照片，有可能视觉冲击力更强，但也有可能给人难受的感觉，也就是说构图失败。那么在摄影构图中，究竟是什么因素在影响构图的透视呢？答案很简单，就是镜头的焦段。

1. 广角镜头

使用广角镜头拍摄风光题材时，我们要尽量靠近前景，使用中小光圈进行拍摄。这样前景得以夸大，而远处的景物与近处的景物相比，会夸张性地缩小，这种近大远小的比例关系会形成一种夸张的透视，画面的空间感和距离感会比较理想。也就是说，使用广角镜头拍摄的照片具有更强烈的透视感。

使用广角镜头拍摄的照片，具有强烈的透视感。

2. 标准镜头

中等焦段下，拍摄的画面与人眼直接观察的效果非常接近，画面会比较自然。但相应地，画面也容易变得比较平淡，所以对构图水平的要求会非常高。

这张照片是用 50mm 左右的标准焦段镜头拍摄的，它与人眼直接看到的景物画面的透视关系相差不大，画面整体给人感觉是比较平实、自然的。

3. 长焦镜头

长焦镜头是指焦段在 50mm 以上的镜头。如果焦距超过 150mm，那可以将这种镜头称为望远镜头，相应的焦段称为望远焦段，也称超长焦。这类焦段的特点是可以将非常远的物体拉近，在拍摄时，即便是极远处非常小的景物或对象，也可以在画面中进行放大，这在拍摄体育、生态、花卉类照片时非常有效。

这张照片是使用长焦镜头拍摄的，将远处的怪石、树木与近处的景物压缩在一个平面内，画面有一种强烈的透视压缩感，给人的感觉也比较奇特，具有很强的视觉冲击力。

054 如何校正透视?

　　如果我们拍摄照片时有一定角度的仰俯或是左右的偏移，那么拍摄出来的画面中，景物一定会产生透视的变化，也可以说是透视的畸变，这是不可避免的。如果我们要校正这种透视，不考虑前期拍摄的问题，那么在后期处理当中就需要使用透视校正功能进行校正。规律性的畸变的透视可以使用 Photoshop 编辑菜单中的"变换"-"透视功能"进行校正，而不规则的透视畸变，则需要使用"透视变形工具"进行一些比较复杂的几何校正，才能得到比较规整的画面效果。

右上的照片当中，有上下的透视变化，也有左右的透视变化。使用 Photoshop 中的"透视变形工具"进行几何校正之后，画面变得规整，如右下的照片所示。

055 什么是空气透视，其重要性体现在哪里？

我们在看一个大场景的画面时，总是近处的景物清晰，而远处的景物则稍显朦胧。这种朦胧不是镜头的虚化带来的，而是切切实实的一种影调的变化，这也是透视规律的一种体现，称为空气透视，也称为影调透视。

在风光摄影中，如果空气透视非常自然，那么最终呈现的照片中的线条就会优美，空间感会很强，画面显得非常悠远、意境盎然；如果远处的景物与近处的景物一样，都呈现得非常清晰，那么照片看起来就会不够真实。需要注意的是，在拍摄照片时，尤其是拍摄大场景的风光照片时，对极远处的景物进行对焦，就有可能得到不符合空气透视规律的照片，这种照片给人的感觉是非常不自然的。

这张照片当中，可以看到近处的景物非常清晰、锐利，色彩也比较逼真，而远处的景物比较朦胧，由近及远逐渐由清晰变模糊，一直到远处，仿佛蒙上了一层薄纱。这种近处清晰远处朦胧的效果就是空气透视，实际上如果没有空气透视，那么画面看起来一定是不够自然的。

056 什么是反透视规律的构图？

所谓反透视规律，主要是指在拍摄时借助于一些特殊的器材拍出没有透视变化的主体对象，画面会给人一种比较奇特的感觉，所使用的器材主要是移轴镜头。借助于移轴镜头拍摄建筑物时，即便是仰拍，也能够拍摄出几乎没有任何畸变的画面。

像这张照片，建筑的下方与上方一样宽，这是不符合透视规律的，需要使用移轴镜头才能够实现这种效果。在拍摄一些建筑题材时，经常使用移轴镜头，特别是一些建筑的商业摄影题材。

057 如何借助透视将人物拍得更漂亮？

借助于几何透视，我们在拍人时可以营造一些比较特殊的效果，从而将人物最美的一面呈现出来。例如，我们俯拍人物时，主要是从头部向下拍，这样可以让额头以及脸部上方比较宽，下巴部分比较窄，拍出一种瓜子脸的效果，让人物显得更加漂亮、秀气。

人物坐着，摄影师的机位比较高，是一种俯拍。因为透视关系，人物的瓜子脸就比较明显，效果比较好。

058 如何借助透视将人物的身材拍得更完美？

拍人物时采用仰拍的角度，主要是强调人物的高度，能够拍摄出大长腿的效果。

这张照片的拍摄机位比较低，几乎贴着地面进行仰拍。由于几何畸变，人物的腿部得到了极大的拉伸，显得非常修长，人物的身材也显得比较高挑。

059 照片合成时的几何透视规律如何体现?

　　我们如果要进行照片合成,一定要考虑几何透视的关系,例如,近处的景物一定要大,远处的景物一定要小。否则就不符合透视规律,画面给人的感觉可能就会比较奇怪,不够真实、自然。

这张照片中,近处的人物本身应该是比远处的飞机小很多的,但是考虑到透视关系,飞机比较远而人物比较近,这种近大远小的几何透视关系一定要体现出来,这样画面整体的效果会比较真实、自然,照片浑然一体,不像是合成的。如果飞机过大,不符合透视规律,这种合成效果就比较差。如果仔细观察还会发现,实际上近处的人物非常清晰,而远处的草地以及天空都较模糊,这是考虑到景深的关系。因为采用大光圈拍摄,人物清晰,作为背景的天空是模糊的,在天空中的飞机也一定是模糊的,如果飞机非常清晰,也是不符合自然规律的。

060 照片合成时的空气透视规律如何体现？

在进行照片合成时，一方面要考虑几何透视，另一方面我们还应该考虑空气透视，也就是影调透视的自然规律。不符合自然规律的画面，即便整个场景再优美、再漂亮，合成出来的效果也一定不会好，给人的感觉是不协调、不自然的。

这张照片中，地景与天空是分开拍摄的。合成时考虑到人物距离机位还是比较远的，所以应该有一定的朦胧感，不应该是非常清晰、色彩艳丽的，否则就不符合自然规律。

061 照片合成时的反透视应用有哪些?（主体放大、焦段合成）

进行照片合成时，并不是一定要遵守几何透视或空气透视的规律。有时候在一些特殊的场景中，我们反而会刻意对主体进行单独的调整，让其在一定程度上违反几何透视或空气透视的规律，对其进行强化，从而得到比较理想的画面效果。当然，这种调整也有一定的限度，不能过于违反透视规律。

像这张照片，地景是使用广角镜头拍摄的，而天空则是使用长焦镜头拍摄的。最终合成之后，我们可以看到地景中的人物还是比较大，但实际上，真实的原片当中人物是偏小一些的，合成之后，我们借助于后期技术对人物进行了一定的放大，让他与天空的星体形成了一种照应关系。如果我们遵从透视规律，地景的表现力就会有所欠缺，画面整体的效果也不够理想。

3.2
焦点与散点透视

062 什么是透视灭点？

透视灭点是指根据近大远小的几何透视规律，当远处的景物无穷小缩为一点时，景物消失的位置便称为灭点。一般来说，大部分图片当中，这种透视的灭点可能会有1个、2个或3个，如果透视灭点大于3个就会让画面看起来太过凌乱。

下面我们通过一些立方体的突出关系来展示透视灭点。

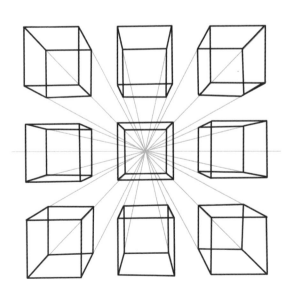

将这些立方体的纵深线延伸出去，最终汇聚于一个点，这个点就是它的透视灭点。

这张照片也是如此，如果从画面近
处向远处延伸，观察画面的视线最
终也会汇聚于某一个点上，这个点
就是它的透视灭点。

063 什么是一点、两点与三点透视？

　　根据透视灭点的数量，我们可以将大部分照片的透视分为一点、两点或三点透视。

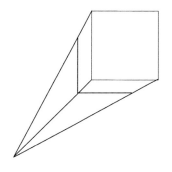

这是立方体的正面平视图，它的 4 条线向远处汇聚相交，远处的交点就是透视灭点。

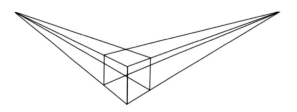

换个角度观察立方体，那么它的延伸线会生成 2 个透视灭点。

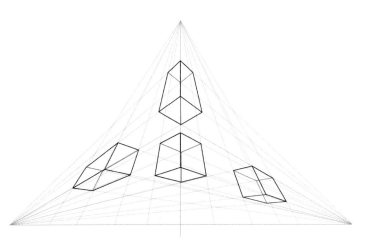

再次上下移动视角，会产生 3 个透视灭点，透视灭点的位置也是非常明显的。

观察这张照片，如果从建筑走向来看，由下向上它会产生 1 个透视灭点。实际上，根据我们的观察，地面由近及远也会产生 1 个透视灭点，那么这张照片就会有 2 个透视灭点。

064 焦点透视的概念与特点是怎样的?

对于摄影艺术来说,绝大多数的透视都是焦点透视。所谓焦点透视,是指人眼或相机在一个位置面对眼前的场景,也就是说眼前的场景是在眼睛或相机上的投影。

这种焦点透视的画面,给人的感觉是比较紧凑、比较完整的。不过要注意的是,即便是焦点透视,视线在远处消失的点也可能会不止一个。

这张照片与我们拍摄的绝大部分照片都有相似之处,营造出了人物站在美景之前观察的视觉感受,这是焦点透视给人的一种感觉。

065 散点透视的概念与特点是怎样的?

散点透视是与焦点透视相对的概念。在摄影创作领域，散点透视比较难以控制，一旦控制不好，就容易让画面显得结构不紧凑、散乱。所谓散点透视，是指画面像是有多个观察点，在不同位置观察画面的局部，这些局部又都符合透视规律。例如，我们在爬山时，随时观察山下的景色，等到山顶后可以观察到很多个场景，再把所有观察到的场景拼合起来，最终得到的画面便属于散点透视。

从摄影的角度说，焦点透视的画面会显得结构紧凑，画面干净，更容易出彩。所以在取景构图时，就要尽量控制自己的取景范围和对象，让画面尽量符合焦点透视。

焦点透视来源于西方绘画艺术，而散点透视则来源于中国传统绘画艺术，中国很多古代的山水画就是散点透视的代表。

这种传统中国画很明显是散点透视的代表。画家仿佛在画面之前从左侧走到右侧，在多个不同点观察，最终得到了这种散点透视的效果。

对于这张照片,虽然我们是用相机固定机位一次性拍摄完成的,但实际上如果仔细看画面,你就会发现其实这是一种散点透视。照片中左侧的建筑部分、中间的建筑部分、右侧的建筑部分都可以单独成景,仿佛在水平线内左右移动,分别观察照片的局部,然后把它们拼合起来的画面效果就是散点透视。并不是说散点透视就不可使用,实际上如果控制得比较好,散点透视的画面会给人一种内容和层次都非常丰富的感觉。

3.3
光线透视

066 什么是光线透视?

正如我们之前介绍的，我们分析了几何透视，介绍了空气透视，但也忽视了另外一种透视——光线透视。如果注意照射到地面或主体上的光线，就会发现实际上这种光线最终的透视灭点在光源位置。实际上，我们可以用非常简单的道理来描述光线透视，即在光线的照射路线上，受光线直射的位置应该最亮，斜射的次之，有轻微遮挡的再次之，阴影部分最暗。

如果照片当中，因为光线的反射或后期处理不恰当等因素导致阴影部分亮度高于受光线照射的部分，那么这就不符合光线透视，画面会给人不自然的感觉。

这张照片中，除了近大远小的几何透视之外，还有另外一条透视的线路，也就是从画面的右后方向左前方照射的太阳光线。可以看到受光线照射的部分亮度非常高，背光的部分亮度非常低，画面当中有一种几何透视，也有一种光线透视，最后构建成了这幅画面。当然还要考虑一点，画面整体给人的感觉之所以比较好，就是因为符合光线透视。可以设想一下，如果背光的山体部分亮度非常高，甚至高过了云海的高度或受光山体的高度，远处的山体亮度也提起来，那么画面的影调层次就会变得不够理想，不符合光线透视的规律，画面给人的感觉一定不会好。（"√"表示受光部位，"×"表示背光部位。）

067 光线透视的重要性在哪里？

　　光线透视还有一个非常重要的作用，它能够让画面整体显得比较紧凑，即借助于光线将画面非常散的景物很好地衔接起来，并且比较有秩序感。如果光线透视不理想，该亮的地方没有亮起来，该暗的地方比较亮，那么画面给人的感觉会比较散乱。

这张照片是春分前后拍摄的长安街悬日，构图没有太大问题，色调和影调也比较漂亮，但画面整体给人的感觉仍然有所欠缺，之所以出现这种问题就是因为光线透视没有处理到位。

在后期处理这张照片时，我们要根据太阳光线照射的方向进行调整。从画面中可以发现，太阳光线是能照射到地面的，地面部分应该有一定的光感，适当提亮。借助于太阳的光感，让画面各个部分连接得更加紧密，画面整体的结构显得更加紧凑，层次也更加丰富了。

068 如何重塑画面影调，让画面结构更紧凑？

有太阳光线的时候，可以借助于太阳光线，将画面各个部分结合起来，该亮的地方亮，该暗的地方暗。但实际上也有一些比较特殊的情况，例如我们在一个散射光的场景当中进行摄影创作，没有直射光线，画面当中各个景物就会比较散，拍摄时我们可能没注意到这个问题，后期处理时我们可能就没有思路，不知道该如何处理这种画面。实际上即便是散射光环境，我们也能够判断出太阳或光源所在的位置，我们只要找到太阳光或光源应该在的位置，以其作为太阳光线入射的位置，并强化出入射光线的光感，也可以将画面各个部分衔接起来，最终重塑画面影调，让画面的结构更加紧凑。

这张照片拍摄的是早晨的意大利多洛米蒂山区的景色，也是一个非常有名的景点。早晨云层比较厚，是一种散射光环境，虽然有一层薄雾，画面非常优美，但仍然显得比较散。针对这种题材，有经验的摄影师在后期处理时可能会在自己想要的位置适当提亮，制造光感，但其实这是不科学的。如果我们理解了光线透视的概念，就可以找到光源所在的位置，通过观察可以得知，光源应该是在画面的左上角。因此，我们由左上角向右下角塑造光线，提亮受光的部分，光线通过的路线也适当提亮，让光线整体显得更加自然。最终借助光线重塑了画面影调，将各个景物很好地衔接了起来，可以看到画面更加紧凑，影调层次更加丰富，效果自然也会更加理想。

069 人像题材中典型的反光线透视有哪些？

虽然光线透视是在摄影创作当中关于用光的一个非常重要的知识点，但是我们也要考虑一些比较特殊的情况，如在人像摄影当中，大家都说逆光是最完美的人像摄影光线，为什么呢？因为逆光能够在人物边缘形成漂亮的发髻光或轮廓光，而人物经过补光之后，能够表现出足够清楚、明亮的人物正面，包括人物的眼睛等。这种光影层次非常理想，画面效果也非常漂亮。但实际上，这是一种反光线透视规律的应用，因为人物的面部很重要，所以在拍摄时，我们要使用闪光灯或反光板等对人物面部进行反射补光，这虽然打乱了原有的透视规律，但是仍然不妨碍照片变得非常漂亮，这是人像摄影的一个特例。实际上，无论是逆光、侧光还是斜射光等人像摄影，大多数时候都要通过特定的补光手段对人物的面部进行补光，以强化作为视觉中心的人物面部，这样拍摄出来的照片才会好看。否则如果只是非常呆板、机械地遵守光线透视规律，人物面部的亮度不够，那么拍摄出来的照片就会给人感觉不够理想。

这张照片中，如果我们只考虑光线的透视，那么逆光环境中人物面部一定是非常暗的。但这种人像写真要表现的是人物的面部，所以要通过反光板、闪光灯或其他特定的手段为人物面部补光，并且补光的幅度还要比较大，这样才能强化人物的面部，营造出一种反光线透视的效果。（"1"表示入射光线，"2"表示补光光线。）

070 风光题材中典型的反光线透视有哪些?

违反光线透视规律的情况并不仅限于人像摄影,在风光摄影当中也存在这种情况,特别是逆光拍摄一些主体比较明显的场景时,我们往往在后期要单独提亮主体对象,对其进行强化,这样画面整体才会更有秩序感。

这张照片是逆光拍摄的,山体以及长城的敌楼都应该是比较黑的,但那样画面的主体会被弱化,整体画面也不会特别理想。所以我们在后期处理时适当提亮了背光主体的背面,让画面整体显得主次分明,更有秩序感。("1"表示入射光线,"2"表示后期提亮的区域。)

对比构图

对比构图是摄影构图当中应用非常广泛的一种构图技巧，它是指对景物之间的大小、高矮、远近、色彩、冷暖、明暗、动静等差别进行强化的一种构图技巧。

对比构图的使用非常广泛，这种广泛不仅来自它所能营造的对比画面非常具有表现力，还在于对比构图与其他的构图方式或技巧并不冲突，可以结合起来使用，最终让画面变得更有看点、更具表现力。

4.1
对比的意义与常见对比构图

071 什么是对比构图？

对比构图是指借助于景物之间的大小、远近、明暗、色彩等的差别进行对比，让景物之间的关系更加强烈和突出，营造戏剧化的效果，增强画面的故事感，使画面变得更加耐看。常见的对比构图有大小对比构图、远近对比构图、明暗对比构图、色彩对比构图等。

这张照片当中，产生了强烈的动静对比效果，主要是第1个位置的人物与背景当中的人物有一个明显的动静对比。作为主体的人物处于静止状态，非常清晰，而背景当中的人物处于动感模糊状态，这是一种动静的对比。要实现这种动静对比的效果，有一定难度，要观察两类人物之间的运动速度的差别，然后适当地放慢快门速度进行拍摄。快门速度不能太慢或太快。如果快门速度太慢，那么前面两个主体人物也会产生动感模糊；如果快门速度太快，背景当中的人物也会被非常清晰地记录下来，而没有动感模糊。所以，一定要找到一个临界的快门速度，根据两者之间的速度差别，让前方的人物处于清晰状态，让背景中的人物处于动感模糊状态，最终形成动静对比。由此可见，这种动静对比虽然可以极大地提升画面表现力，但是它的创作有时候会有一定难度，这种难度可能来自技术，也可能来自审美。

072 大小对比构图的要点是什么？

　　面对同样的对象，我们通过大小对比来强化画面的形式感，使画面变得更有意思，这就是大小对比构图。需要注意的是，大小对比的景物最好是同一种，最好是在同一个平面上，如果产生了远近的变化，那就不属于大小对比构图了。

这张照片当中，两只天鹅一大一小，形成了大小对比。其实这种对比不单来自面积的大小，还来自天鹅本身年龄的差别，一老一幼，最终就让画面颇具看点，并且具有温情感。

073 高矮对比构图的要点是什么？

　　高矮对比其实与大小对比非常相似，均可以用一种景物衬托另外一种景物。可以以高大的景物修饰矮小的主体对象，也可以以矮小的景物衬托高大的主体对象，从而形成戏剧性的画面效果，让人印象深刻。

这张照片利用建筑物之间的高度差别，来进行高矮对比，从而强化了主体中国尊的高度。因为中国尊是目前北京的第一高楼，那么，借助于这种对比，就可以强化其高度感，给人一种非常直观的感觉。

074 远近对比构图的要点是什么？

　　远近对比与大小对比是有一定联系的，同样是有大有小，但远近对比还会有距离上的差异。这种对比形式的画面的内容和层次更加丰富，并且有可能蕴含一定的故事情节，让画面更加耐看、更有美感，因为它符合人眼的视觉透视规律。

这张照片，强化的是建筑物近处的拱桥与远处的拱桥的对比关系，让画面颇具空间感和立体感。从这个角度来说，这种远近对比效果，往往需要借助于广角镜头才能更好地实现。

075 色彩对比构图的要点是什么？

虽然色彩对比构图适用于色彩差别较大的场景，但最好的色彩对比是为互补色的两种色彩进行对比，即洋红色与绿色、青色与红色、蓝色与黄色。这样更容易产生强烈的色彩对比效果，更有利于表现画面的视觉冲击力。

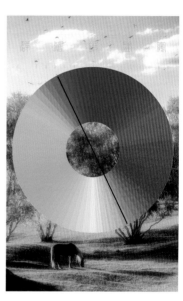

这张照片主要的对比是蓝色与黄色的对比。虽然它的黄色更接近于橙色，但是蓝色也并不纯粹，所以两者的差别还是非常大的，最终给人一种强烈的视觉感受。

076 冷暖对比构图的要点是什么？

　　蓝调夜色下的城市呈蓝色调，也就是冷色调；而橙黄色的灯光，就是暖色调。冷暖对比，色彩好看，更能给人温暖、祥和的感觉。

这张照片当中，整个城市处于蓝调的光线当中，呈冷色调，而左下角的马路呈现出暖色调，形成了一种强烈的冷暖对比，让画面给人一种看似冷清但又非常温暖的感觉。

077 明暗对比构图的要点是什么?

明暗对比构图,是指用阴影反衬受光部位。一般情况下,明暗对比构图强调的是受光照射的对象。明暗对比构图的最大优势是能够增强画面的视觉冲击力,使画面显得非常醒目和直观。

这张照片借助于周边比较浓重的阴影(如位置1所示)表现出了受光线照射的农村风貌(如位置2所示),当然画面的形式也非常优美。

078 动静对比构图的要点是什么？

动静对比有两种比较常见的表现形式：一种是用完全静止的对象与有运动趋势的对象形成对比；另外一种是用静态对象与动态模糊的对象形成对比。无论哪一种动静对比，都能让画面变得更富有张力。

这张照片利用了由远处跑向近处的两只牛与周边静卧的牛做对比，形成了一种运动趋势上的对比。最终给人一种牛仿佛要跑出画外的强烈视觉冲击力。

这张照片表现的是夏季密林中的萤
火虫。借助于慢速快门拍摄，并在
后期适度地堆栈，最终让萤火虫产
生了强烈的动感。而为了加强这种
动感，或者为了给画面营造一个视
觉中心，我们在画面当中放上了一
个布偶兔，最终就加强了动静对比
的效果。

079 虚实对比构图的要点是什么？

虚实对比是一种非常常见的构图形式，它是以虚衬托清晰（实），突出主体，强化画面的主题。

这张照片中近处的牛与远处的牛形成了一种虚实的对比。这种虚实对比让画面充满故事性，更加耐看，并且借助于这只清晰的牛，让画面有了一个非常合理的视觉落脚点，并且让画面更有秩序、主次分明。

080 多少对比构图的要点是什么？

通过画面中的多与少、疏与密进行对比构图，在突出主体的同时，强调画面的矛盾、冲突或和谐来使照片更加生动，或者更有戏剧性。

这张照片是一种多与少的对比，远处正在表演的人物是更多的一方，而近处的老妇人是少的一方，那么这种多少的对比可能会让人产生丰富的联想，如可以想象他们之间的关系以及正在发生的事件。欣赏者可能会产生疑问——老太太为什么要单独待在近处，也可能会思考远处的人物正在进行哪一种表演。

4.2
高级对比构图

081 刚柔对比构图的要点是什么？

刚与柔的对比手法常用于拍摄女性，用刚硬的事物反衬女性的柔美。比如冰冷、坚固的墙体，使画面中心人物显得柔弱与无助。实际上，在一些风光题材中，适当的刚柔对比可以让画面更均衡，给人比较舒适的感觉。

这张照片当中，用硬度非常高的岩石与柔性的水流进行了一种刚与柔的对比。那么这种刚柔对比就会让画面变得比较平衡，有一种视觉和心理上的平衡。

082 古今对比构图的要点是什么？

古今对比大多用于拍摄建筑题材，传统古风的建筑与现代化高楼大厦形成
对比，让画面有一种沧海桑田的变迁感。

这张照片当中，右侧的正阳门城楼
与左侧的中国尊、国贸等中央商务
区现代化的大楼形成了一种古今的
对比，这种对比让人有一种世事变
迁、沧海桑田的感叹。

第 五 章

几何构图

摄影构图中，对于点、线、面等几何对象的安排是非常重要的。如果我们仔细分析，就会发现这样一个问题，无论影调以及色彩如何优美，都是在几何对象有较好布局的前提下实现的。也就是说，点、线、面几何构图，实际上是完美构图的一个前提和基础。那么本章当中我们就将分析点、线、面几何构图的特点，以及介绍一些常见的几何构图形式。

5.1
点、线、面与构图

083 如何理解构图中点、线与面之间的关系?

对于照片画面来说,最基本的构成元素是单点的像素,多个像素可以串成线条,多条线条又可以组成一个平面。宏观意义上的构图中的点、线、面的关系也是如此,要表现的主体对象可以被认为是一个点,多个对象穿起来可以变为线,多条线也就可以组成平面,这就是点、线、面之间的相互关系。

从分析图我们可以看到,照片当中的每一个方格实际上都是一个点,成排的方格构成了线条,而所有的方格集合起来则构成了一个弧形的平面;另外,灯光实际上也是一些由点构成的线条。从这张照片当中,我们可以很直观地看出点、线、面之间的关系。

084 单点构图要注意哪些问题？

　　单点在构图中最重要的两个应用是它的位置及大小比例。通常来说，点的位置安排关乎照片的成败。前面介绍过黄金构图点，最简单的技巧就是将构图中的点（即主体）放在黄金构图点上，也可以放在九宫格的黄金分割点上或者三分线上，以上都是很好的选择。当然还有一些其他的位置可以选择，我们应根据场景的不同及主体自身的特点来进行安排。

对于画面当中最重要的主体点，在构图时比较重要的环节是安排点的位置。像我们之前介绍的黄金构图当中，将主体安排在黄金构图点上就是非常好的选择，因为它既可以确保作为主体的点非常醒目和突出，又能确保画面符合人的审美观感，整体给人非常好的视觉感受。

这张照片当中，人物虽然没有位于黄金构图点或其他明显的最佳构图位置，但如果仔细分析画面，我们就会发现，人物正好位于秋色道路中心的位置，四周的视线都汇聚到道路中心的位置上，也就是人物所在的位置，从而实现了对人物的突出和强化，并且道路的延伸会让画面显得深邃。

085 两点构图要注意什么问题？

如果想要表现场景中的某两个点，应该注意两点之间的呼应和联系，增强画面的可读性和故事性。

照片当中有一个蒙古包和一匹马，这两个
点看似距离较远，但实际上它们有一种潜
在的联系，蒙古包代表牧民，而马匹则代
表牧民的马。两者之间的相互关系会让画
面更有故事性，整体结构也比较紧凑。

086 多点构图要注意什么问题？

如果照片中出现多于两个点的情况，应该注意让多点之间建立远近对比或明暗对比的关联性以及表达秩序，这样画面才会更加耐看。否则，无关联和无序的多个点散落在照片当中，画面不像一个整体，杂乱不堪，令人难受。

画面当中，许多马（点）组成了一个马群，它们之间的联系非常紧密。而人物作为点，他与马群形成一种相互的关系，所以整体上画面是比较紧凑的。

087 构图中的直线有什么作用?

在照片当中，曲线更多是用于引导欣赏者的视线，或构成某些特定图案；而直线则比较特殊，它更多是用于切割画面，均衡构图。例如三分线，它往往能够切割天空与地面，形成不同的两个部分，而其他的一些直线则会将整个画面切割为不同的区域。我们应该注意，用直线切割画面时一定要让画面保持均衡。

这张照片中有三条非常重要的直线，上三分线位置的天际线切割了画面，让天空占 1/3。如果在本画面当中，天空占了 2/3，那么大片天空就会显得比较空洞，所以这条切割线非常重要。而地面斜向交叉的两条直线将整个地景分隔为不同的部分，每个部分都有一些具体的景物，让整个地面非常有秩序地分隔开，显得非常均衡。再来看这张照片当中的曲线，我们更多是关注它漂亮的线条形状，而非其切割作用。

088 构图中如何用好纵向曲线?

曲线的作用在于调节画面的节奏，引导欣赏者的视线，或者串联不同的主体。曲线是摄影中常见的线条，对曲线掌控的好坏直接关系到照片构图的成败，是非常重要的一种构图元素。合理的曲线具有很强的力量感和节奏感。

如果我们仔细观察这张照片，会发现它有两条明显的曲线，呈现出 S 形。一条是护城河，另一条是城市的主干道，它们将欣赏者的视线由近处向画面的深处引导。

这张照片当中，多条平行的曲线让
画面产生了具有韵律的美感。

089 平行的线条有什么特点？

在上一节当中，我们已经知道如果有多条横向的曲线，那么它会产生一种富有韵律的美感，画面会非常漂亮。

这张照片就是如此，层峦叠嶂的山脊线条以及天空当中横向的云层线条，层层叠叠，产生了韵律美。

竖向生长的树干左右分布，同样产生了一种韵律美，当然这种竖直向上的线条还会产生一种积极向上的心理暗示。

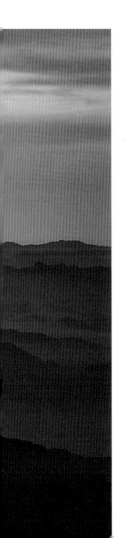

090 扩散性（汇聚线）构图的特点是什么？

　　汇聚线构图与扩散性构图从本质上说并没有太大区别，它是指大量的线条从画面四周向中心某一个点汇聚，或者从中心某一个点向四周扩散。那么这种强烈或幅度极大的汇聚或扩散，就会让画面具有很强的视觉冲击力。一般来说，建筑内部穹顶的线条会呈现出扩散性构图；从树木底端向顶端进行观察，树冠展开的角度也可能会呈现出这种扩散性构图，画面会有较强的视觉冲击力。

作为主体对象的翎羽呈现出放射性结构，有很强的视觉冲击力，令人印象深刻。实际上，这也是拍摄孔雀这一类动物常见的方法。

091 构图中的面能传达什么信息？

　　在摄影创作当中，平面大多用于渲染氛围、交代时间或环境信息。例如，背景的面会起到渲染氛围、交代天气、时间等信息的作用；而地面的面则可以交代主体对象所处的环境。

作为背景的天空交代了拍摄这张照片的大致时间，也就是日出或日落的这段时间，并且交代了当时的天气状况——一个无云的晴天；而地面的景物则交代了拍摄这张照片所处的环境——一个公园的湖边。

092 图案与图案的组合会给画面带来什么？

　　要想表现单独的平面景物，景物自身的图案和形状等因素是非常重要的，只有形状或图案的表现力强，照片才会好看。否则画面就会比较乏味，令人感觉无趣。

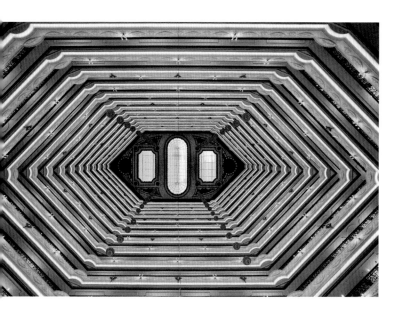

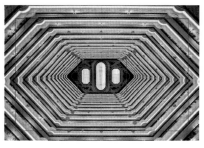

这张照片中有大量重复的图案，有一种由近及远的强烈透视，会让画面显得非常深邃。当然画面自身的图案也会增强画面的表现力。

这张照片同样如此，不同的楼层以同样的方式出现，产生了一种韵律美。如果只有楼层自身的线条，画面可能会显得单调，但红色的灯笼打破了这种规律性变化，让画面变得更有层次、更加耐看。

093 点与线的组合如何构图？

对于一般的拍摄场景来说，如果画面当中存在大量的点，那么这些点如何建立关联，并且借助于线条进行串联是非常重要的。如果点没有线进行串联、组合，那么就会显得非常散，不利于让画面变得干净。

分析图当中，我们标出了两个点和一条线，线分割了画面，而点则是重要的视觉中心。地面的人物是主体，天空的月亮则起到了一定的陪衬作用。实际上，如果我们仔细观察，会发现前景当中还有人物的脚印，这串脚印可以引导欣赏者的视线，还可以与人物产生联系，让画面更具看点。

094 点与面的组合如何构图？

实际上，面需要与点进行特定的搭配，用点来打破面自身的沉闷，解决表现力不够强的问题。我们可以设想一下，如果大量的平面当中不存在点，那么众多的面在我们的眼中就会缺乏一个视线的落脚点，画面就会让人感到烦躁不安，这是因为画面无处着眼、主次不明。如果大量的平面当中出现了一些点，那么这些点往往就会作为视觉中心来出现，一旦有了视觉中心，就会让画面显得主次分明，让画面呈现出更强的秩序感，那么画面也就变得更加耐看了。

这张照片中的人物虽然是简单的一个点，但却驾驭了整个庞大的平面。因为人物的视线与远方的平面形成了一种相互的关系，最终以人物作为主体串联整个画面。

这张照片本身采用了古今对比的构图形式，右侧的古建筑与左侧的现代化建筑形成了对比。实际上，我们还应该关注另外一个点，即在现代化建筑后方出现的圆月。圆月的出现打破了画面的平静，让整个画面变得更有张力、更富有变化。

095 重复性构图有什么特点？

同样或者类似的一种对象（点、线、图案均可）重复出现是很有趣的拍摄场景。这种重复出现的对象，可以强烈地吸引欣赏者的注意力，并给人留下深刻的印象。日常生活中比较常见的有整齐的队列、规则的窗户、有规律性变化的护栏等。重复性的对象可以作为主体，也可以作为主体之外的陪体、前景或背景。

如果善于发现素材并合理运用，拍摄者会沉浸在构图的韵律当中，同时照片的趣味性也会提高，欣赏者也会有同样的体会。

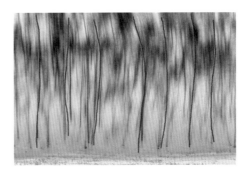

这张照片中有很多平行向上的线条，让画面产生了韵律美，而适当的模糊、柔化，让整体的感觉更加梦幻。

5.2
简单的几何形状构图

096 什么是水平线构图，有什么特点？

水平线构图是指在构图时，将相似的景物并排安置在一条水平线上。水平线构图功能性很强，通常用于拍摄建筑或人像合影。但如果创造性地应用在拍摄纪实和抓拍中，将一些有趣的画面元素并排在一起，形成比较，也会带来不一般的趣味。注意构图时一定要保持画面的水平，防止倾斜造成画面失衡。

从水平线来看，照片当中有大量的古建筑以及树木，它们以水平线构图的形式排开，整体给人一种非常平稳、非常安逸的视觉感受。

097 竖直线构图有什么特点？

竖直线构图是指让主体对象在画面中呈现出上下分布的走向，画面以竖幅构图的方式呈现，来强调主体对象的高度或线条。

以竖直线构图的方式呈现中间的铁塔，既强调了画面当中铁塔的高度，又呈现出了铁塔自身的一些色彩、图案和形状。

098 十字形构图有什么特点?

十字形是一条竖线与一条横线的垂直交叉。十字形构图给人平稳、庄重、严肃的感觉。十字形构图不宜使横竖线等长,两线交叉点也不宜把两条线等分。

画面本身前景有大片空旷的水面,不免会给人一种比较空洞的感觉,但是借助于白塔的倒影形成了十字形构图,那么画面整体结构就比较紧凑了,不会再有空洞的感觉。

099 对角线构图有什么特点?

对角线构图是一种经典的构图方式。它通过明确连接画面对角的线形关系，打破画面的平衡感，从而为画面提供活泼和运动的感觉，为画面带来强烈的视觉冲击力。在体育运动、新闻纪实等题材中比较常用，而在风景和建筑摄影中，它经常用来表现一些风景局部，如建筑的边缘、山峦的一侧斜坡或河流的一段等。

这种对角线的构图会让画面在富有科技和现代感的基础上变得更有动感。

100 S形构图有什么特点?

　　S形构图是指画面主体形状类似于英文字母S形状的构图方式。S形构图强调的是线条的力量,这种构图方式可以带给欣赏者优美、活力、延伸感和空间感等视觉体验。一般情况下,欣赏者的视线会随着S形线条的延伸而移动,逐渐延展到画面边缘,并随着画面透视特性的变化,产生一种广袤无垠的感觉。由此可见,S形构图多见于广角镜头的运用当中,此时拍摄视角较大,空间比较开阔,并且景物透视性能良好。

　　风光类题材是S形构图使用最多的题材,海岸线、山中曲折小道等多用S形构图表现。在人像类题材中,如果人物主体摆出S形造型,则会传达出一种时尚、美艳或动感的视觉感受。

这张照片的拍摄机位很高,但由于拍摄的俯角特别大,所以无法将远处的山峦或景物拍摄出来,这种S形曲线有效地弥补了画面不够立体的缺陷,增强了画面的深度。

101 三角形构图有什么特点?

通常情况下,三角形构图有两种形式:正三角构图与倒三角构图。无论是正三角构图还是倒三角构图,均各有两种解释:一种是利用构图画面中景物的三角形形状来进行命名的,是主体形态的自我展现;另外一种是画面中多个主体按照三角形的形状分布,构成一个三角形的样式。

无论是单个主体的三角形还是多个主体组合的三角形,正三角形表现的都是一种安定、均衡、稳固的心理感受,并且多个主体组合的三角形构图还能够传达出一定的故事情节,表示主体之间的情感或其他某种关系。

照片当中,可以看到两个三角形构图:一个是山体,另一个是背后山体的阴影。画面整体显得非常稳定。另外,山体倒影上方出现的佛光进一步提升了画面的表现力,使画面变得比较特殊。

102 倒三角形构图有什么特点?

倒三角形构图表现出的情感与正三角形构图恰恰相反，它传达的是一种不安定、不均衡、不稳固的心理感受。

这种倒三角形构图会让画面产生不稳定的感觉，而垂直向下的俯拍，进一步增强了这种令人眩晕的感觉，让画面视觉冲击力非常强。

103 C形构图有什么特点?

  C 形构图是指画面中主要的线条或景物沿着 C 的形状进行分布。C 形线条相对来说比较简洁、流畅，有利于在构图时做减法，让照片干净、好看。C 形构图非常适合用于海岸线、湖泊等场景的拍摄。

由近及远延伸的长城线条呈现 C 形的结构，很好地串联起了整个画面。但这张照片的重点不是 C 形或 S 形，重要的是借助于线条将敌楼本身以及其他景物很好地串联起来，并引导欣赏者的视线。

104 V形构图有什么特点？

　　V形构图与W形构图相似，经常被用于表现山体或平面设计中的图案。从摄影的角度来看，表现连绵起伏的山脊时，两侧的山体线条向中间交汇，此时画面如果很干净，那画面构图便是V形的；如果画面中有一座完整的山峰，构图形式便变为W形构图。无论是V形构图还是W形构图，都比较符合我们的视觉习惯，令人感觉画面自然、好看。

这种V形构图在表现山谷等这类对象时比较常用，因为它呈现出了V形，所以让人看起来比较习以为常，符合自然规律。

105 L形构图有什么特点?

L形构图是一种比较奇特,但又符合美学规律的构图形式。这种构图的照片画面往往视觉冲击力很强。有些时候视觉中心被放在L形的折角区域,让画面整体变得匀称;还有些时候是被摄体自身呈现出L形,那么要表现的便是被摄体自身的形态特点了。

以L形构图的方式表现出了中国尊与央视大楼的外貌,将两者分别位于L形的两条边上,让这两座建筑得到了很好的强化和突出。

106 圆形构图有什么特点?

一般来说，圆形构图多用于表现花朵的形状、建筑的穹顶以及其他一些圆形的对象。圆形构图给人的感觉往往是完整、圆满的。

这张照片以圆形构图呈现出了整个场景的美感，画面整体就给人非常完整、圆满、舒适的感觉，这种造型本身也非常有特点。

107 框景构图有什么特点？

框景构图是指在取景时，利用门框或其他边框将画面的重点部位框出来。这一构图方式的关键在于引导欣赏者的注意力到框内的对象上。这种构图方式的优点是可以使欣赏者产生跨过门框即进入画面现场的视觉感受。

与明暗对比构图类似，使用框景构图时要注意曝光程度的控制，因为很多时候边框的亮度往往要暗于框内景物的亮度，并且明暗反差较大，这时就要注意框内景物的曝光过度与边框的曝光不足问题。通常的处理方式是着重表现框内景物，使其曝光正常、自然，而边框会有一定程度的曝光不足，但保留少许细节可以起修饰和过渡作用。

下图是非常典型的框景构图的应用场景。它会增强画面的临场感，让人感觉随时可以跨过这个门框进入画面当中。也就是说，这个门框既强化了门框之外的美景，又增强了画面的临场感。

在画面中间，往往需要一个有表现力的主体，这样可以提升画面的表现力。另外，框景构图也可以给人一种身临其境的感觉，仿佛随时可以跨过门框进入这个场景一般。

108 对称式构图有什么特点？

对称式构图是一种深受中国传统绘画艺术影响的构图方式。对称式构图往往讲求的是协调、均衡和稳定。在拍摄水面倒影或我国的传统古建筑时，我们经常会用到这种对称式构图。

这张照片借助于地面光滑的特点，倒映出漂亮的线条，让画面整体显得非常干净，富有设计感。

109 棋盘式构图有什么特点?

棋盘式构图的特点是突出画面结构的形式美,多用于拍摄同一画面中多个相同的被摄体,通过改变相机的角度表现出不同的视觉效果。该构图的使用对象多,如大面积的花丛、溪流中的岩石、建筑群等。

该构图的关键在于取景时排除多余的背景空间,而被摄体不能偏离画面的中心。

大小、虚实不一的花朵以棋盘的方式构筑画面时,产生了欢快的节奏感。

第六章

构图经验总结

实际上，提升摄影构图水平的好方法是学习其他摄影师的丰富经验，有时候简单的几条经验，可能就会让你的构图水平得到巨大提升。

6.1
通行的 14 条经验

110 初学摄影，为何要复刻经典？

　　摄影实拍的初期阶段，建议初学者不要想着如何拍出惊天动地的作品，先踏实学习和模仿一些摄影高手的摄影作品，拍摄一些经典的场景，尝试一些经典的拍摄角度。在这种模仿和复刻的过程当中，你会发现即便是模仿也并不容易。真正能够实现完美复刻的成功率不会太高，因为对于初学者来说，技术的控制、美学知识的运用、摄影器材的限制都会产生大量问题，而且摄影师的创作思路是最难模仿的。如果你能将复刻经典的成功率提高到 50% 以上，那么就说明你的摄影水平已经很高了。

这是在春分或秋分期间拍摄的颐和园的金光穿孔，是一个非常经典的画面，很多人都拍摄过。作为初学者，如果你能复刻出和这张照片同样的效果，那说明你的摄影水平已经非常高了。为什么这么说呢？如果分析这张照片，你会发现它有几个关键点。一是桥面上的游人和行人其实是非常多的，熙熙攘攘，来往不断，但是这张照片当中一个人也没有，那么这是怎么实现的呢？二是近景的水面非常平缓，没有杂乱的波纹，那么这又是怎么实现的呢？三是金光与周边一些背光的部分反差是非常大的，那么怎样才能做到这么合理的高光和暗部细节的控制呢？（答案：1.中间值堆栈；2.慢门或平均值堆栈；3.包围曝光后高动态光照渲染）

111 后期修图对构图水平的影响是怎样的？

如果你认为摄影创作的重点在于前期，后期修图只是辅助，不学后期修图也没有关系，那么这种想法是错误的。学习后期修图不单能够美化照片、提升作品的表现力，借助于后期修图，还能对我们的前期拍摄起到很大的促进和提升作用。

从技术的角度来说，通过后期修图，你会明白曝光到哪一种程度时，高光能够通过后期调整回来，不会严重溢出；或暗部提升到哪一程度之后，噪点不会太过严重。它会指导你在前期拍摄时如何设定参数（包括光圈值的设定），这是学习后期修图对拍摄技术的影响。

从构图的角度来说，在后期对拍摄的照片进行影调与色彩的调整时，也可能会发现非常多的问题。例如画面的边缘控制不到位，有些杂乱的景物被取了进来，这样就需要通过后期修图裁剪。通过后期的二次构图就能够发现前期构图时的问题与不足，在下次拍摄时就会主动避开这些问题，避开可能导致照片不够理想的干扰元素。再如当面对一个光比非常大的场景或一个有较多行人干扰的场景时，如果你学习了后期修图，就会知道如何拍摄才能照拍不误——可以进行高动态范围（High Dynamic Range，HDR）合成追回高光或暗部细节。

所以，从很多角度来说，后期修图既能够提升你的审美，还能让你发现前期拍摄时的一些问题，从而快速提升你的摄影水平。根据个人经验来看，认真学习后期修图一年相当于持续拍摄五年带来的提升，有没有掌握后期修图的差别就是如此大。

这张照片中有强烈的逆光，在拍摄时进行了包围曝光，然后通过后期进行了 HDR 合成。

这张照片的色彩比较杂乱，反差很大。如果有后期修图的思维，就会考虑最终可以进行 HDR 操作，追回暗部和高光细节；进行连拍后续堆栈，可以将街上的车轨很好地记录下来；后期统一和协调色彩，将杂乱的色彩调整为冷暖两个色调，那么画面就会干净起来。

112 为何要在画面中加入活的元素？

"千山鸟飞绝,万径人踪灭。"这句诗会给人无限的遐想,能够让人联想到一种天寒地冻但非常唯美的情景。但实际上在摄影作品当中,如果没有一些活的元素对这种景色进行衬托,画面可能会显得比较呆板、死气沉沉,失去优美的意境。

如果要让这种优美的景色活起来,最好的办法是在场景当中加入活的元素,画面才会生机勃勃,更具感染力。当然,所谓活的元素并不是说必须有人。有些照片当中出现动物以及人物活动的痕迹也是可以的。人物活动的痕迹,如帐篷、房屋、渔船等都是可以的。

在这张照片当中，虽然云隙光比较漂亮，但如果仔细分析，你会发现地景并不理想，画面整体的表现力有所欠缺。而人物的出现，使得人物望向云隙光的视线和云隙光本身形成了一种相互呼应的关系，画面结构变得紧凑，欣赏者就会忽视掉原本不够理想的地面，而将注意力放在云隙光以及人物上面，并且会关注两者之间的联系。

这张照片表现的是非常平坦的草原。在明显的光线和阴影环境当中，层次比较丰富，但是如果画面当中没有成群的牛羊，那么画面一定是缺乏生机的。出现了牛羊之后，会让画面更具生机，并且牛群和羊群作为主体出现，会让原本稍显凌乱的画面显得更具看点、主次分明。这是因为主体作为最重要的景物，能够串联起整个画面。

113 "无光不成影"是什么意思？

　　"无光不成影"这句俗语本身的意义比较简单，就是在强调光线的重要性。也就是说，摄影创作必须要有光，有光才有影，这样画面的影调层次才会更加丰富，并且会产生一些光线透视关系或者明暗对比关系等，从而提升画面的表现力。有种说法叫"光影是摄影作品的灵魂"。由此可见，"无光不成影"的重要性。我们之前已经介绍过光线透视的重要性，借助于光线透视可以让画面结构变得更加紧凑，还可以理清画面的明暗关系，为后期修图提供指导思路。另外，画面有了明显的光感之后，就会有明有暗，影调层次会变得更加丰富、更具立体感。

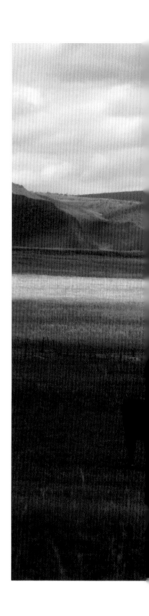

这张照片的画面非常简洁、干净，是非常优美的一个场景，但是仍然给人比较平淡的感觉。最直接的原因就是没有光，散射光环境下无法分辨方向，所以画面就比较平淡。

这张照片的画面没有上一张照片那么干净，但是因为有了光线，画面的影调层次和色彩感都变得更加优美，所以照片整体的效果也更好。

114 为何要尽量靠近拍摄?

不同的器材拍摄出的照片会有较大差别,使用高性能的全画幅相机和高品质的镜头有助于提升画质,拍摄出锐度和色彩俱佳的照片。但实际上受到空气通透度以及拍摄距离的影响,即便是性能再出色的相机与镜头,也可能拍摄出锐度与色彩不够理想的照片。要拍摄出清晰度、通透度、画质以及色彩都非常完美的照片,就要尽量靠近被摄体进行拍摄。即便使用入门级的器材,靠近拍摄也可以将被摄体表面的一些细节纤毫毕现地呈现出来,并且画面的锐度会非常高。

(1)尽量靠近被摄体,追求细节与质感。

"如果拍出的照片不够清晰、锐利,那是因为你的拍摄距离不够近。"我们曾经很多次听过这种说法,这句话是有一定道理的。近距离拍摄时,如果条件允许(例如拍人时不会引起人物面部出现几何畸变等),可以最大限度地靠近拍摄,这样即便器材不够理想,也能拍出被摄体足够清晰的细节,锐度也会足够高。

这张照片展现的是近乎微距的拍法,让拍摄距离达到最近的程度,充分展现细节,让画面与众不同。

（2）拍摄距离（即物距大小）对于照片画质的影响最为直接。

近距离拍景也可以呈现理想的细节，拍人甚至可以数清发丝的数量。但如果距离过远，即便使用再好的器材拍摄，画质锐度及景物细节也会受到很大影响。从这个角度来说，近距离可以追求细节和锐度，远距离则可以追求画面整体的构图、光影等效果，这样会有事半功倍的效果。

这张照片的拍摄距离非常远，可以通过调整曝光以及拍摄的角度确保主体清晰，而周边的景物则可以适当地压暗。通过压暗周边的景物，隐藏一些画质不够理想的细节，从而有效地解决照片细节不够理想所带来的困扰。

TIPS
拍摄超远距离的对象，不要刻意追求丰富的细节，重在突出构图与重点景物。

115 技术和构图的想法到底哪个重要?

从摄影技术上来说,良好的摄影基础有助于我们拍摄出一张完美的照片。例如我们知道光圈与景深的关系、知道如何实现想要的曝光效果、知道如何通过白平衡设定得到想要的色调等,懂得了这一系列的基本摄影技术之后,即便是在一些微光、弱光或特别复杂的光线环境当中,也能够确保合理的曝光,这是基本的摄影技术。另外,从构图、用光、色彩美学的角度来说,如何取景构图、景物如何分布才会给人比较好的视觉感受,也是我们需要考虑的问题。

那么究竟是技术更重要,还是构图的想法或美学的想法更重要呢? 其实答案非常简单,摄影就是一个构图的过程,本质上摄影也是一门艺术,如果你的构图不理想,技术再好,也只能称为拍照;而如果我们的构图比较理想,但是画面有一些技术上的瑕疵,仍然可以称为比较成功的作品。这样的例子并不少,并且随着当前摄影技术不断发展,对于前期基本技术的要求越来越低。例如,时至今日,我们使用初级的单反相机或无反相机,即便不考虑测光的问题,画面的曝光程度相对也不会出现太严重的问题,也能够通过后期软件进行弥补和修复。这是因为相机的宽容度高了很多,不会轻易出现高光溢出和彻底死黑的问题。也就是说,随着当前器材和科技的发展,摄影的门槛已经降低了很多,对于前期基本技术的要求不再那么高。从这个角度来说,我们也可以认为构图想法和摄影美学更为重要。当然,并不是说基本的摄影技术不重要,毕竟它是构成一幅成功摄影作品的前提,如果摄影作品的构图非常理想,但是出现了对焦或曝光上的严重不足,最终也会导致失败。

拍摄这张照片时的构图想法非常明确，就是要在日落时分进行拍摄，当余晖照耀在远处山峰的顶端时，采用点测光对日照金山的效果进行强化。有了这种构图的想法，技术上的问题并不算是问题，即便是画面左下角出现了一些死黑的情况，也并不影响这张照片要表达的核心主题。

这张照片比较有意思，可以看到画面的结构非常简单，但是我们想要的就是这种非常迷离的人物状态。即便人物胳膊受光的部分甚至面部出现了一定的高光溢出的问题（也就是说照片存在着一定的技术瑕疵），但是因为构图的想法比较好，最终画面整体给人的感觉也是比较好的。

116 为什么都说多用前景来创作？

在比较经典的机位取景构图并拍摄一张非常好的照片，会让人有很大的成就感。但如果是经过长途跋涉或是长时间旅行才到达拍摄机位，只拍摄到了少量照片，则会给人非常遗憾的感觉。这种情况下，可以尝试改变前景，利用前景来改变画面结构，虽然主体依然保持不变，但变化的前景会让画面发生较大变化，拍出多张不一样的照片，提高出片的概率。

这两张照片拍摄的是同一场景，同样是框景构图，表现的是同一个建筑物在远处孤独地矗立。但通过取景角度的变化，改变了作为框景的前景，拍摄出了风格迥异的两张照片。这两张照片给人的视觉感受也完全不同，前一张照片非常规整，是典型的框景构图形式；后一张照片则比较巧妙，前景更富有变化性。

117 如何借助线条的力量来构图?

　　摄影构图当中，线条是很重要的表现对象。有规律的平行线条可以让画面产生韵律美感，弯曲并延伸向画面深处的线条则可以引导欣赏者的视线，并让照片画面变得更具深度、更立体。不同的线条所带来的视觉效果是不同的，但整体上来看，线条在摄影创作当中的作用是非常重要的。我们也可以这样认为，无论哪种线条，只要运用得当就可以让照片画面变得有设计感，具有很强的视觉冲击力，并且能够产生一些比较特殊的效果。当然，我们也要注意，取景时画面中的线条不宜杂乱，交叉线不宜太多，否则会导致照片给人杂乱无序的感觉。

这张照片当中，我们应该关注两条线：一是山谷底部蜿蜒的车轨线条，它引导了欣赏者的视线，并与周边形成了一种明暗的对比，借助于周边比较暗的部分强化了线条的表现力；二是层层叠叠的水平线条，这种线条让画面有了一种韵律的美感。

这张照片要表现的同样是远处层峦叠嶂的山峰。山脊线条让画面有了一种韵律美。另外，云海的出现让画面变得更具看点。

118 为何拍摄前要计划和推演构图？

做事情之前先做好计划，可以提高效率、事半功倍，摄影创作亦是如此。盲目、无计划地拍摄，不单自己心里没底，也容易错过精彩的瞬间。举例来说，想要拍摄长城云海，取出相机就去拍摄肯定不能成功，正确的做法是提前看好天气预报，并根据温度、湿度、温差、风力等因素推演拍摄目的地出现云海的概率，只有概率大到一定程度时再去拍摄，成功的机会才会大很多。这只是提前做计划和推演拍摄的一个应用案例，但由此可见，提前计划和推演拍摄场景是极为重要的。

这张照片拍摄的是长城的日落云海，它的色调效果非常漂亮，并且长城自身的表现力也非常好，最终得到了整体画面非常理想的效果。但实际上要拍到这种画面，我们要提前观察天气和风力，并且要提前到达目的地，否则可能会错过比较理想的拍摄时机，机位也可能被其他人占走了。要拍摄这种场景，一定要提前做好计划和推演，如出发时间、到达后能否拍到合适的画面等。

这张照片内容非常简单，拍摄的是渔民清晨出来收网的一个画面。在观察好这个拍摄场景之后，我们就决定第二天进行拍摄。因为我们知道渔民第二天早上会划着木舟出来收网，所以我们已经预想到了这个渔船驶过的场景，木舟后方会出现长长的水纹，打破画面的平静。经过这种推演，就会知道第二天清晨拍摄会比较好。

119 "见山寻侧光"是什么意思？

　　所谓"见山寻侧光"，是指借助于侧光来营造丰富的画面影调层次，并且让画面更具立体感。虽然山体自身的表现力很好，但是如果没有光影效果，表现力也会大打折扣。如果寻找到了侧光的角度，影调层次就会更加丰富，画面也会更加优美，并且会让整个山体更具立体感。

借助于侧光的角度进行拍摄，我们能够看清山体的受光面丰富的纹理层次，感受到山体的质感。借助于明显的阴影，让画面的影调层次更加丰富。

120　"遇水拍倒影"是什么意思？

"遇水拍倒影"的意思是说，遇到平静的水面时，可以尝试借助于水面表现景物的倒影，最终丰富画面的内容层次。如果水中没有倒影，那么水面一定是非常单调和乏味的，给人感觉非常枯燥。所以在拍摄包含大片水面的题材时，要尽量寻找主体倒影能够出现在水中的角度，让主体本身和它的倒影形成对称或虚实对比，画面的表现力会得到巨大的提升。

这张照片当中，我们没有只将眼光放在远处的雪峰上，而是找到了一片水域，并通过调整取景角度让山峰的倒影出现在水中，最终就得到了这种非常漂亮的画面效果。

121 怎样理解"知识决定下限"?

关于摄影构图，我们应该知道一个常识，它可以被概括为两句话：第一句是"知识决定下限"，第二句是"创意和审美决定上限"。所谓知识决定下限，是指你学到的基本摄影技术和构图知识会决定画面的下限。如果你掌握的知识不够、拍摄的次数不够，那么拍出来的照片有可能本身曝光不合理，或构图形式不够理想，称不上成功的摄影作品。如果我们的知识积累够了，后续无论怎样拍也不会拍出太离谱的照片。下限能确保你成为一个比较成功的摄影师。

这张照片看似非常简单，却考验了摄影师非常多的知识储备。首先，可以看到主体建筑的面积非常大，甚至左侧有失衡的感觉，但是由于右侧的路面亮度非常高，那么它就与左侧的建筑形成了视觉重量上的平衡。如果没有右侧的道路，那么左侧的建筑可能就会给人视觉沉重、画面失衡的感觉，这是一种对于构图技巧的理解和掌握。其次，可以看到这张照片当中有大量车流驶过，那么高光部分可能就会产生高光溢出的问题，但通过适当降低曝光值并进行后期堆栈，最终得到了一张高光部分细节完整、没有溢出的照片。

122 怎样理解"创意和审美决定上限"？

一幅摄影作品，即便看起来精美，有漂亮的光影和色彩，但如果缺乏创意或内容不够丰富，也会被称为"糖水片"。

照片之所以被称为"糖水片"，往往与摄影师自身的创意、审美和经验有关。同样一个可拍的场景，多人同时拍摄，将大家都能直接看到的一面准确地表达出来，基本上可以确保我们创作出一幅各方面都比较正常的作品。但如果没有令人眼前一亮的设计，那便是缺乏创意，作品就只能流于平淡了。要让作品有创意，拍摄之前多思考是很重要的，另外非常重要的一点是你的创意要逻辑合理，不能为了创意而创意。例如，同是拍摄数九寒天的冰天雪地，拍摄简单雪景便很难拍出新颖、有创意的感觉。但如果在拍摄之前考虑到利用晚霞或在场景中取到穿暖色衣服的人，则可以让一片萧瑟的景色突然产生变化，给人与众不同的情感体验，这便是创意让画面产生不同。虽然冷暖对比的创意会让画面与众不同，但如果将画面局部的雪景在后期软件中涂成红色，那便是逻辑不通。

决定照片上限的另外一个关键点是审美。依然是同样的场景，审美或拍片感觉好的人可以将各种景物拍出非常协调、自然的感觉；审美不够的人拍出的照片当中，景物分布及各种逻辑关系没问题，但画面就是给人不舒服和不自然的感觉。审美在很大程度上是天生的，但并不绝对，先天审美不够理想的人经过后期的锻炼与熏陶，可以逐步提高自己的审美水平。具体来说，听音乐、看名著、欣赏好的美术或摄影作品，都能提升自己的审美。提升审美之后再拍片，肯定会事半功倍。

另外，个人的生活经历和拍片经验在累积到一定程度后，更有利于你创作出理想的摄影作品。

所谓审美决定上限，其实这张照片就非常有代表性。这本身是一个非常杂乱的场景，杂乱的胡同，并且地面也没有太多其他有表现力的对象，但是这张照片仍然给人一种非常浓郁的节日氛围，并且画面整体的视觉效果也非常好，有一种古今的对比。之所以有这种视觉效果，主要是因为画面整体比较均衡，并且借助于传统的中国结以及灯笼的点缀，突出了节日氛围，让欣赏者的注意力放在画面的氛围上，而非具体的构图形式。当然构图形式也非常重要，如左侧的中国结就平衡了画面的效果。可以尝试一下，如果把画面左侧的中国结拿掉，那么一定会出现失衡的问题。

123 "有法而无定法"是什么意思？

从摄影初学者的角度来说，在取景构图时，往往要考虑使用哪种具体的构图形式来营造画面，如黄金构图、三分法构图、对角线构图等，用这些具体的构图形式来安排画面的内容，让画面变得更加漂亮、有形式美。但事实上随着摄影水平的提高，你会发现一个有意思的现象，即具体的摄影创作过程当中，构图不再是一个单独的难点，它已经变为一种摄影的本能，摄影师会根据自己的感觉寻求画面的平衡，快速拍摄，得到的画面效果也比较理想，整个过程中并没有按照某种固定的方式来进行构图。

摄影是一种艺术创作，那么构图的过程也是如此，它是一种对艺术、对美学的追求。所以我们之前介绍过的很多构图技巧和规律只是对前人技术和经验的一些总结，而对于进行摄影创作来说，我们不能完全照搬构图技巧，那样千篇一律的重复，对于个人水平的提升并没有什么太多好处。所以，我们应该知道这样一个道理，就是对于任何一种艺术，它都是有法而无定法的。虽然有一些前人总结出来的经验、技巧，但是，我们一定要力求在前期学习和模仿的基础之上进行突破，做到艺术的创新，而不能只是墨守成规，采用过于刻板和传统的方式来表现我们看到的美景、人物或故事。从构图的角度来说，我们可以用一句话来形容这种情况，就是构图有法而无定法，构图有固定的一些法则和技巧，但是，我们不能用这些固定的法则和技巧来约束自己的构图，这样对于自己后续的摄影水平发展是没有好处的。

我们很难用特定的构图方式来分析这张照片，因为它不符合我们见过的绝大多数构图法则或构图形式。但是这张照片给人的感觉又非常优美，整体比较干净。从这个角度来说，摄影师并没有用特定的构图形式来限定自己的创作思维，而是跟着感觉走，将所看到的美景拍摄下来，整体画面就显得非常唯美。虽然它没有特定的套路和形式，但是依然给人非常美的享受。当然，画面之所以给人这种不拘一格的视觉感受，也源于摄影师有一定的摄影基础，最终打破常规，实现无定法的构图。对于绝大部分摄影师来说，还是应该先遵从既有的一些构图形式和经验，先进行模仿，不断地提高自己的构图感觉，最终才能够在水平提升之后到达随着感觉拍摄的境界。只要画面能够均衡，给人的感觉是好的，那么就是好的构图。

6.2
个人总结的 6 条经验

124 为何我只拍有价值的对象？

　　在很多时候我们都会听到这样的说法：最美的风光在路上。这句话本身没有什么问题，但实际上对于摄影创作来说，却不可以此为创作的参考。大多数情况下，摄影创作还是应该寻找更有表现力的拍摄对象，拍摄更有价值的题材，这样画面的表现力才会更好。

　　可以回想一下我们走过的旅程，在行驶途中无论拍摄过多少照片，大多数是到此一游的纪念照，而不是摄影作品。真正好看、耐看的照片，还是在一些有名的景点、经典的拍摄机位拍摄到的画面。这是因为这种经典的、有价值的拍摄对象的表现力远胜于旅途的风光。

我们来看这两张照片，同样是雨后云海的画面，第二张照片无论是从云海的壮观程度还是画面的光线条件，都要远胜于第一张照片，它的色彩也更好。但为什么从画面整体的表现来说，仍然是第一张照片（金山岭长城的晨雾）更好呢？这是因为第一张照片的拍摄对象本身更具价值，最终就决定了照片的表现力会更胜一筹；而第二张照片只是一块岩石以及远处隐约的山体，画面自身的表现力差一些，即便有漂亮的光影和色彩，这张照片也不如长城照片有价值。

125 场景内容表现力不够，怎样创作？

有时我们拍摄的照片中景物自身的表现力有所欠缺，或表现力较好但略微显得单薄，都会降低照片整体的表现力。这种场景可能会让人觉得难受，不拍可惜，拍完又没太大意思。针对这种两难的状况，如果摄影师掌握了足够的后期技术，就可以通过后期的影调以及光影修饰来弥补内容的不足，个人称这种情况为"内容不足，形式来补"。即景物自身表现力有所欠缺时，通过光影与色彩的修饰来让画面变得更有表现力。

这张照片画面本身的形式非常简单，就是大片的雪地平面上有两棵树叶凋零的树。那么这种简单的画面，如果要避免给人单调的感觉，就需要通过处理，借助于丰富的影调层次，让画面产生一定的韵律美；再借助于树荫处寒冷的色调，为画面渲染一种寒冷的氛围。最终借助于这种影调和色彩弥补画面本身内容的不足。

126 我为什么推荐"一广与一长"的配镜方案?

我推荐"一广一长"的配镜方案，更大意义上是针对风光摄影题材来说的。根据广角镜头、标准焦段的镜头和长焦镜头拍摄出的画面特点来看，标准焦段的镜头更接近于人眼的视觉规律，它的透视视角与人眼相近，更容易拍摄出自然、真实的画面效果，但这也会有明显的问题，人们对习以为常的画面效果逐渐感到平淡，所以使用标准焦段的镜头拍摄的照片，无法令人眼前一亮，很难第一眼就抓住欣赏者的注意力，很难脱颖而出。也就是说，用标准焦段的镜头拍摄风光题材非常不讨巧。如果是为了减轻外出采风时的负重，不推荐携带标准焦段的镜头，而推荐携带广角镜头和长焦镜头。因为广角镜头能够拍出夸张的视觉效果，能够极大地强化前景与远景，使其形成一种强烈的透视，增强画面深度，让画面显得更加深远，表现力更强；而长焦镜头则可以将极远处的景物拉近，给人强烈的视觉冲击力，让人感受到远处对象的质感。所以在拍摄风光时，使用广角镜头和长焦镜头往往能够营造更吸引人的画面，是比较讨巧的。

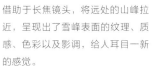

借助于长焦镜头，将远处的山峰拉近，呈现出了雪峰表面的纹理、质感、色彩以及影调，给人耳目一新的感觉。

这张照片是使用广角镜头拍摄的，可以看到近景的雪地表面呈现出了强烈的质感，而远处的景物与近处的景物形成了一种夸张的透视关系。

127 极致的画面内容和构图意味着什么?

摄影创作要懂得取舍。舍弃相对简单,但要通过增加元素来提升画面表现力就要困难一些;元素加多了画面会乱,加少了没有效果;元素加对了可提升画面表现力,加错了会变得画蛇添足。有些元素是可见的,可以直接在取景时完成添加;有些元素是不可见的,恰恰是这些不可见的元素会极大地提升照片的艺术价值和商业价值。

如果在照片中纳入更多可见或不可见的元素,而照片又足够自然、协调,那将极为难得。例如多人一起拍摄日食,能够将日食照片拍得曝光准确、景物清晰就是很难得的,但如果你拍摄的日食照片当中出现了一颗流星,那你的照片自然会比其他人拍摄的照片更具表现力、更有价值。从某种意义上说,将更多元素收取进来会让照片更加与众不同、更加有价值。仔细分析一些获奖照片,你会发现这些照片都是在拍摄某种题材时,具有了更多可见或不可见的意外因素,让照片变得更有价值。我们也可以这样认为:这种成功的照片是在某一方面做到了极致。

摄影创作或旅行途中,我们会遇到各种非常漂亮的云。但我不知道你是否看到过如此具有震撼力的积雨云。云的下方暴雨倾盆,而上方则受太阳光线照射,这是一种极致的景象,非常难得。拍摄下来之后,照片具有很高的商业价值与艺术价值。

这张照片表现的是长城的云海。只要到达这个
机位，我们随时可以拍摄出如此雄伟的长城。
但如果你能在照片当中汇集桃花、云海、春雪、
山峰和长城，那么照片属性会立刻发生极大的
变化，可以说拥有了极致之美，照片本身的价
值也得到了极大提升。

128 "追求完美，但不苛求"的意思是什么？

摄影创作实际上是对艺术的一种追求，我们不断追求完美，追求下一次的拍摄会更加完美。所谓的追求完美是指让照片无论从画面形式还是内容上都有更好的表现力，这里我们主要从照片画面形式的角度来进行介绍。大多数情况下，我们会努力追求画面影调层次丰富、细节完整、曝光准确。有些特殊情况，即便照片中出现了一些高光溢出或暗部死黑的问题，只要主体突出、画面干净、主题鲜明，并且画面整体看起来是真实自然的，那么我们就不应该求全责备，苛求所有位置都有完整的细节。这种残缺或遗憾，会让照片更加真实、更符合自然规律。

这张照片表现的是凤凰媒体中心的建筑结构与线条之美，并且色彩也比较漂亮。实际上如果我们仔细观察，可以看到左侧的天空是有些过曝的。这种过曝并没有太影响照片画面的艺术价值和照片表现力。

这张照片是在尚未建成的中国尊上拍摄的。为了将更多的景物收纳进来，使用了鱼眼镜头，但鱼眼镜头将两侧的墙体也纳了进来。在构图时发现如果要让画面更加干净，避开底下的墙体，则无法取更多的景物，无法将大半个北京的美景都纳入取景范围。扩大范围则会将底部的墙体收进来，但此时视角足够大，画面足够震撼，所以最终经过权衡还是纳入了下方的墙体。

129 怎样协调个人喜好与大众审美的关系？

　　不同的摄影师有不同的审美观感和个人喜好，成功的摄影师一定要将个人喜好与大众审美很好地结合起来，让自己的个人喜好更加接近于大众审美，或者让自己的摄影作品更符合大众审美，这样更容易取得成功。如果你拍摄的摄影作品自己非常喜欢，但是大众不喜欢，那么你的摄影作品是很难取得成功的。只有符合大众审美观感，得到大众赞许和认可的照片，才有可能取得成功。可能有些摄影师的个人喜好与大众审美相差很远，在这种情况下，千万不能自以为是，而应该努力提升自己的审美水平，并尽量让自己的摄影作品更加接近于大众审美的水平，或者更加符合大众审美观感。

这张照片是在美国一个小镇拍摄的，画面中有商店橱窗以及静谧的夜景。当时夜色非常美，给人的整体感觉非常好，所以就拍摄了这张照片，非常喜欢。但实际上其他人并没有拍摄者欣赏这个场景时的心境和现场体验，所以他们不会认为这张照片有多好，这就是个人审美（或经历）与大众审美的冲突。

这张照片拿出来之后，大家可能都会觉得整个场景非常漂亮，为什么呢？就是因为这张照片比较符合大众的审美，所以在进行摄影创作时，创作可以自我，但是一定不能太自我，要充分考虑到其他人的审美观感。可能有些人会说，摄影创作或者艺术创作是非常主观的东西，但是再主观的艺术创作，只有得到大众的认同才能更有艺术价值。如果只以个人喜好来为自己争辩，实际上是一种狡辩，是一种对自己水平不够的掩饰。

第七章

场景与瞬间

本章将对摄影创作中经常遇到的一些非常精彩的场景和瞬间的前期拍摄和后期处理要点进行详细介绍，具体包括拍摄时的附件使用、相机设定、拍摄技巧、构图要点、后期处理思路和要点，场景包括一般的自然风光、弱光的夜景城市风光与少部分精彩的人像摄影场景。

7.1
一般自然风光

130 拍云海如何构图?

云海一般在雨雪天气过后，天气初晴时才会出现。如果雨后天气的温差比较小，或整体的温度比较高，云海就很难出现。温度高时可能形成大量的散雾，遮挡住地面的景物，一切都笼罩在大雾当中，就无法拍摄到云海。所以要拍摄云海，一般在雨后初晴，没有太大的风力，温差比较大的情况下，云海的出现概率就非常高。出现云海时，洁白的云海修饰地面的景观，画面会非常漂亮，有梦幻的美感。

云海出现的时间比较短，要捕捉到这种精彩的场景，往往需要提前进行预测，预测时可能会借助于天气预报，结合风力、温度等进行预测。当然还可以借助于 Windy 等非常专业的软件进行预测，准确率更高一些。经过合理的预测之后，也有可能因为拍摄现场局部的天气而无法捕捉到云海，所以要拍摄云海是一件非常辛苦的事。由于预测不一定准确，可能去某座山峰拍摄云海，去十次只有三四次能拍到，而这已经是非常高的概率了。当然有一些经常出现云海的自然景观要另当别论。

拍摄云海时，一般来说，即便光线条件已经比较理想，也需要三脚架辅助。在云海出现的较短时间内进行大量的连拍，因为连拍之后，后期可以对云海进行一定的选片和堆栈等操作，最终得到理想的画面效果。另外，借助于三脚架进行慢门拍摄，还可以拍摄出云海流动的质感，提升它的梦幻表现力。正常来说，拍摄云海时曝光值可以适当高一些，因为根据白加黑减的规律，曝光值高一些，云海会显得更加干净；如果曝光值比较低，那么后期提亮时，原本就不够通透、灰雾度比较高的云海可能会出现大量的噪点，导致画面不够理想。

拍摄云海时，地面一定要有深色的景物与云海搭配，有深浅不一的拍摄对象衬托，画面的影调层次会比较丰富。

由于拍摄云海时有太阳光线照射的情况比较难得，大部分还是阴雨天气，空气中水汽比较多，雾蒙蒙的，所以说拍摄 RAW 格式。要进行大量的连拍，后续进行堆栈、降噪、大幅度去雾等操作是必不可少的，这对后期修图的要求也比较高。

提前观测好天气，预测到三天以后山区会出现云海，提前出发，提前一天到达拍摄机位，晚上在山区住宿，第二天早上提前登山，在早晨出现云海时进行拍摄得到的精彩画面。

131 拍溪流如何构图？

溪流与瀑布是摄影创作者非常喜欢的题材。无论溪流还是瀑布，大多数情况下都是使用慢门拍摄，让白色的溪流呈现出动态模糊的效果，如梦似幻，非常漂亮。拍摄溪流和瀑布常见的构图形式是对角线构图，因为这样构图能够充分利用对角线的长度，以更长的长度来呈现瀑布，表现瀑布更大的面积；如果是横向构图或是竖直构图，可能就无法取到瀑布更大的区域。

拍摄瀑布或溪流要与水边一些深色的岩石或植物进行搭配，形成刚柔的对比或色彩的对比，让画面的效果更加理想。

像这张照片，采用对角线构图方式进行构图，可以充分表现出瀑布的长度，以深色的岩石和绿色植物进行搭配，形成非常幽静的氛围，以及刚柔比较平衡的画面效果。

132 拍霞光如何构图？

　　霞光是晴天日出或日落时出现的一种自然现象。要想拍到霞光，一般来说天空中需要有云层，如果没有云层，即便有霞光，天空也不会特别好看。有云，而云层的厚度不是特别厚，天空就容易出现火烧云，这时拍摄的画面效果会非常理想。拍摄霞光满天的景象时，不能为了渲染画面的色彩而让最终的照片中全是纯粹的暖色，正常情况下一定的冷暖对比，或让照片的暗部色彩饱和度比较低，会是比较好的选择，最终可以形成色彩变化比较丰富的画面效果。另外，要在地面寻找能够与天空呼应的对象，从而形成一种相互照应的关系，画面会比较耐看。天空中的霞云是一个兴趣点，而地面上一定要有表现力非常强的点与天空相互照应。

这张照片中天空的霞云非常漂亮，色彩比较迷人，地面上漂亮的梯田与天空形成了一种相互衬托的关系。光源在地面形成了一个明显的反射区，这个反射区作为视觉中心，与天空的光源部分形成了更紧密的对应关系。

这张照片中有明显的左右对称和上下对称。地面的角楼是一个非常有表现力的景物，它与天空的霞云对应。

133 拍秋色如何构图？

在表现秋色时，我们如果有高机位进行俯拍，就能够拍出大片区域连绵的秋色，效果比较理想。但有一些比较特殊的情况，如机位比较低，进行平拍，有时即便是能够表现出秋色，画面的立体感可能会差一些。所以要寻找画面当中的一些延伸的线条来串联画面，增强画面深度。

照片中远处的树木被遮挡会导致画面欠缺一些深邃感，但是画面中心的河流由近及远进行延伸，增强了画面的深度；而画面远处一层晨雾漂浮在林间，晨雾会增强画面的空间感，进一步强化了画面的立体效果。

134 拍花海如何构图？

　　每年的春天，公园里会出现大量的郁金香等花卉，公园中、校园中或者山上都会出现大量树花，包括山桃花、樱花等。拍摄这一类树花，一定要寻找合适的景物与树花进行搭配，利用景物作为明显的主体来串联画面，避免画面出现杂乱感。在大多数情况下，树花本身的整体结构会非常乱，线条比较浓重，所以一定要有明显的景物、人物、建筑物等题材明显的对象，并以此为中心（主体）构建画面，画面会更有秩序感。

这张照片将古建筑与樱花进行搭配，让画面变得更有韵味。在构图时，这张照片还有一个比较巧妙之处，就是用樱花枝干的线条指向古建筑，最终营造出了比较好的感觉。

135 拍冰泡如何构图?

冰泡是近几年比较流行的一种摄影题材,它是在冬季比较寒冷的室外冰面上进行拍摄的一种题材。水中大量的气体在上升时被冰层冻住,在冰块中出现了大量的气泡,这种气泡的大小、形态都富有非常多的变化,它能够与景物进行远近的对比,让画面具有很强的立体感。

拍摄冰泡,冰泡整体要干净,如果冰泡显得比较乱,并且冰层上有非常多的裂缝,就会导致画面变得比较杂乱。这就需要我们在拍摄之前利用一些喷灯对冰面的尘土和凹凸不平的冰雪等进行融化,冰融化成水之后,水再次结成冰,冰面就会变得比较平滑。这时让相机尽量靠近冰面,可以将近景的冰泡拍大,与山体形成一种远近的对比关系,从而增强画面的深度,让画面变得比较深远。

这张照片拍摄于河北的一个水库，冰泡与
远处山体相互照应。这个水库的冰面并不
是特别干净，风沙比较大，冰面有一层土。
带上抹布，在拍摄之前提前对近处的冰面
进行了擦拭，待冰面变得干净一些之后，
借助于广角镜头，使用小光圈进行拍摄，
最终形成了远近都非常清晰的画面效果。

TIPS

在拍摄时，我们有时还可能需要使用景深合成等方法，最终确
保近处的冰泡与远处的山体都足够清晰。

136 航拍的构图要点有哪些？

航拍是一个非常大的题材，在近年来比较受欢迎。这是因为以非常高的拍摄距离进行拍摄，能够在画面中容纳下非常多的景物，视角比较独特，与我们常见的拍摄视角不同，它会让欣赏者有一种非常新鲜的感觉，所以航拍是一种当前比较讨巧的摄影方式。

从构图的角度来说，它有以下几个要点。

（1）航拍应该寻找整个取景画面中最富表现力的角度，并且要将地面的一些景象拍摄完整，不能产生构图的残缺感，使构图不完整。

（2）航拍的视角如果无法让画面表现出很好的结构和造型，那么就应该借助于之前所介绍的三分法、五分法等方式将整个拍摄区域的全貌表现出来，充分凸显航拍的优势。

需要注意的是，当前主流航拍的器材［即电荷耦合器件（Charge-coupled Device，CCD）相机或者互补金属氧化物半导体（Complementary Metal Oxide Semiconductor，CMOS）相机］的成像底片尺寸比较小，即便是拍摄 RAW 格式的照片，后期处理的空间也不如一般专业数码相机的处理空间大，所以前期拍摄时对于曝光、画质的控制，要求就会更加高一些。如果对画质和曝光的把握不是很大，那么就应该采用 HDR 包围曝光拍摄的方式，或进行持续连拍、后期堆栈的方式来提高画质。

这张照片拍摄的是北京大兴国际机场新落
成后整体的造型。视角一定要上升到足够
的高度，才能将整个建筑的造型非常完整
地呈现出来。

7.2
弱光场景

137 拍星轨的构图要点有哪些？

从夜景摄影的角度来说，星轨这一题材的拍摄以及后期处理是非常简单的。因为拍摄星轨时，即便前期的拍摄有一定的问题，也可以通过后期堆栈的方式来弥补或消除。

当前拍摄星轨照片的创作思路与之前的传统思路有较大变化。传统的思路是采用 B 门进行超长时间的曝光，最终得到星轨的效果；还有一种方式是采用多重曝光，连拍 9 张，每张几分钟，最终得到星轨的效果。新的星轨创作方式则是进行持续的连拍，单张拍摄 30 秒，最终拍摄 100~200 张照片，之后对这些照片进行堆栈，最终得到星轨的效果。

有大量照片进行堆栈，即便是曝光稍微差一些，后续进行堆栈之后，也可以消除画面提亮后产生的噪点，最终得到比较好的星轨效果。在进行星轨的堆栈拍摄过程中，如果取景画面内出现了行人或车灯，后期堆栈时也可以通过技术手段将车灯、行人、光污染等非常完美地消除，所以，借助于连拍之后进行后期堆栈的方式拍摄星轨题材还是比较简单的。

拍摄星轨还有一个非常重要的因素是构图。构图时，我们只要找准北极星，让北极星在画面的上 1/3 处中间位置，以此为基准进行构图，让地景与天空的星轨进行搭配，那么画面的效果一般不会特别差。

北极星的位置也并不是特别绝对，需要根据不同的场景来进行具体对待，我们所说的上 1/3 处中间位置只是一种的构图规律。

像这张照片，北极星与地面的长城进行搭配，就有了一种斗移星转、沧海桑田的画面感觉。即便拍摄时整体画面曝光值比较低，但后期经过堆栈和提亮，背景的明暗比较适中，画质比较细腻。我们用最大值堆栈了画面的星轨，又用平均值对背景进行了降噪，这种效果是不错的。

138 拍银河的构图要点有哪些？

在没有任何月光和光污染的环境中，银河是非常理想的拍摄题材。因为银河银心位置的纹理和色彩非常迷人，与地景进行搭配能够表现出星空梦幻的美感，但是拍摄银河题材远比星轨题材复杂。如果要拍摄精彩的银心部分，在北半球，一般是在每年的二月底到八月初才能看见，其他时间基本上是不可见的。另外月光比较明亮的时候，因为月光的照射，我们也无法拍摄出很清晰的银河银心，所以大部分情况下，每个月只有两周左右的时间才能够拍摄到银心，并且这两周还是分布在二月底到八月初，这是拍摄时间的限制。

从光线条件的限制来说，应该要远离城市进行拍摄，这样地面的灯光不会干扰到天空银河的表现力，银河的色彩和细节才能更加迷人。

拍摄银河对于器材的要求也非常高，一般来说使用超大光圈的超广角镜头拍摄银河效果更好一些。超大光圈、10~30秒的曝光时间、超广角镜头、全画幅相机，这几项条件满足之后，学习一些与银河相关的知识就可以拍摄到相对比较理想的银河画面。另外，要创作银河类摄影作品，对于摄影师的后期处理水平也有一定要求，如果不懂后期处理，拍摄出银河画面之后，也可能无法还原出银河非常美的一面。

从构图角度来说，拍摄单独的银心时，由于它是自左上向右下以对角线形式分布的，地面的陪衬景物应该放在画面的左下角，这样可以均衡画面的构图。地面景物应该呈现出一定的细节，不能是漆黑一片，否则画面层次感会比较弱，地面的景物以简单、干净、整洁为好，如果地面的景物非常复杂，画面也不会好看。

像这张照片，天空银河迷人的色彩与纹理（如位置 1 所示）和地面的景物、山岩（如位置 2 所示）形成了上下的呼应关系。拍摄山峰的要点在于要有足够的明暗层次，即便是暗部也要适当地呈现出一定的纹理细节，这样画面整体效果会好一些。

139 拍流星雨的构图要点有哪些？

流星雨是夜景星空摄影中非常小的一个门类，但近几年由于摄影器材性能的提升，大家开始逐渐喜欢上了流星雨这个题材。

在北半球，每年有三大主要的流星雨：一个是八月中旬的英仙座流星雨，还有年初一月的象限仪座流星雨和年底十二月的双子座流星雨。这三大流星雨表现力最好的是八月的英仙座流星雨，因为英仙座流星雨的流星中镁元素含量比较高，所以流星的尾巴有时候会呈现出一定的绿色，发出绿光，并且流星密度比较大，画面表现力会非常好。

如果不懂流星雨，可能就会对流星雨有一些误解。正常情况下，我们所见到的流星雨照片都是照片合成。因为即便在流星雨最大值的时候进行观测，在天空中我们也无法看出任何规律，流星雨是由任意角度向另一个任意角度随机发散的，并且我们不可能在同一时间看到十几颗或二十几颗流星雨划破天际，大部分情况是偶尔看见一颗，过一段时间再看到一颗。我们在摄影作品中看到的流星雨，是从某个方向如万箭齐发般射向地面，这实际上是由数码合成的。在前期拍摄时用三脚架固定好相机，设定好较短的快门速度，如十秒以内设定好高感光度，用超广角镜头对着天空进行持续的拍摄。这样拍摄的大量照片中，会在某一些照片中出现流星，后期将流星从画面中提取出来，最终汇集到一张照片中，再理顺流星的运行方向，最后合成照片，达到流星雨的画面效果。

一般来说，如万箭齐发的流星雨发出的位置大多数是流星辐射点的位置，也就是流星雨爆发的初始位置。

这张照片就是英仙座流星雨期间在川西山间拍摄的一张流星雨照片，可以看到整体的效果比较漂亮，也比较震撼。

这张照片是我们应该看到的流星雨的常态。实际上我们能够看到的流星雨，大部分情况下是单颗出现的，方向也比较随机。像这张照片就没有进行大量的数码合成，而是用地面的人物与一颗流星进行了上下的呼应。当然，天空中，我们还强化出了北斗七星、北极星和北极二等星星，让画面的内容比较丰富、比较有看点。

140 拍光绘的构图要点有哪些？

光绘的含义比较丰富，常见的有在长时间曝光的过程当中，用相机拍下光绘棒绘制出的图案，或走过一定的距离，用相机把轨迹记录在画面中，来丰富画面的内容和影调层次。在弱光下，这种光绘效果的亮度会非常高，形成明显的视觉中心，让画面变得非常有意思。

当然，光绘棒只是光绘的一种。有一些功能比较强大的光绘棒，由上向下或由左向右拖动时能够拉出或描绘出一定的图案，这种光绘棒的玩法就比较丰富，可以在光绘棒内根据手机 App 的显示，在光绘棒上输入编码，找到特定的图案进行绘制，其相对比较复杂，这里不做过多介绍。

这里介绍另外一种光绘，就是利用钢丝棉光绘出漂亮的、火花四射的效果。

钢丝棉也是一种简单光绘。在拍摄时只要有人手持钢丝棉持续甩动划圆圈，火花四溅，走过的轨迹就会被记录在画面当中。

进行钢丝棉的光绘，甩动钢丝棉的人物一定要做好防护。例如为了防止火花进入眼睛，要有防护的眼镜；为了避免烧到手，要有手套；还要准备一件破衣服，因为火花可能把衣服烧出窟窿。

钢丝棉 ×5 卷

铁链 + 铁夹 + 棉手套 + 护目镜 + 钢丝棉

棉手套 ×1 双　　铁夹 ×1 个

铁链 ×1 条　　护目镜 ×1 副

这是用钢丝棉之前要准备的一些东西，上方是钢丝棉的大致形状，下方是准备的一些用钢丝棉需要的小附件。这里没有提到破旧的衣服，如果没有破旧的衣服，不建议穿着新衣服去做钢丝棉光绘效果。

这张照片拍摄于一个相对比较单调的草原上。因为夜晚没有明显的视觉中心，地面又比较暗，甩动钢丝棉之后，丰富了构图的形式，画面就变得比较有意思。

141 制作延时的要点有哪些？

视频拍摄，本质是通过记录静态影像的方式来实现动态效果。一个静态画面可以称为一帧画面，当播放速度达到 20 帧 / 秒以上时，我们便可以看到动态、连贯的视频效果。很久以来，电视视频的标准便是 24 帧 / 秒，这样就可以确保我们看到的电视视频能够流畅、细腻地播放。而专业相机一般最高可以实现 120 帧 / 秒的帧频，来确保有更流畅的观影体验。

如果不进行特殊处理，视频与实际所发生的事件是同步的，意思是一个事件持续了 5 分钟，那么所拍摄的视频也会是 5 分钟。如果我们要记录某个场景在一天时间内的变化情况，那就要拍摄一整天的视频，这显然是不利于观看的。当然，我们可以采用快进的方式来观看，但也会存在明显问题，即数据量太大。可以想象，记录了一整天的视频，数据量是何等庞大。即使快进解决了观影时间的问题，但无法解决数据量太大不便于存储的问题。

针对这种情况，延时视频这种新的视频记录方式就产生了。从本质上看，延时视频也是一种视频的快进。但不同的是延时视频是通过抽帧的方式实现时间的缩短，视频播放速度并没有变快，是正常的播放速度，即以正常速度得到了快进的效果。

我们通过一个具体例子来说明延时视频的原理。例如，我们正常拍摄一段视频，每秒可以记录 24 帧画面，那 1 分钟会有 24×60=1440 帧画面，记录了 1 分钟的影像变化。但如果我们以延时的方式拍摄，每秒记录 1 帧画面，那 1 分钟会有 1×60=60 帧画面。播放时，正常记录的视频就要播放 1 分钟；但播放延时视频，就只有 60÷24=2.5 秒时长，即用 2.5 秒时长记录了 1 分钟的影像变化。当然，两者差别也会很大，正常记录的视频画面非常细腻、流程、连贯，给人正常的观影体验；但延时视频是跳跃的，类似于快进的效果。

实际上，当前我们在影视剧里经常会看到一些延时视频，特别是在视频的片头或片尾，用于记录天空中的白云，以一种快速流动的方式呈现，显得非常壮观。还会看到短短几秒内一朵花从花苞到绽放的整个过程，这并不是特效处理，而是通过延时视频的方式记录花开的过程，可能是花了 24 小时记录了整个过程，但播放只用几秒时间。

有非常多的手段制作延时视频，这里介绍比较简单的一种方法，可以在 Photoshop 中快速制作延时视频片段。

在一个单独的文件夹当中准备好拍摄的大量原始素材，这些素材是使用三脚架固定拍摄视角进行连拍，得到银河升起的一系列照片。从截图当中我们可以看到有大量的连拍的银河照片。

将这些照片按序列载入。

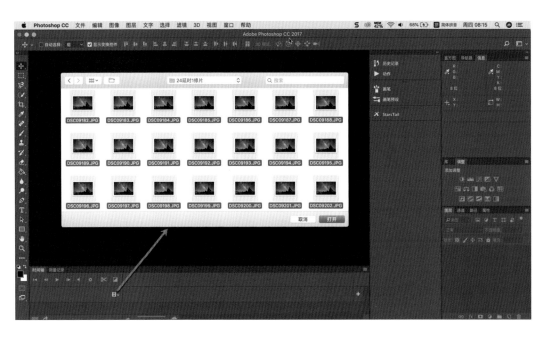

在下方的时间轴中可以看到载入的延时视频播放轨道，单击播放按钮即可播放延时视频，就是如此简单。

7.3
城市场景

142 拍城市夜景的构图要点有哪些？

城市夜景是近年来比较流行的一种城市风光摄影题材，拍摄城市夜景有这样几个非常明显的特点。

一是使用广角镜头时，一定要注意画面四周一些建筑的干扰和画面构图的完整性。有时我们想要拍摄非常近的、造型比较独特的建筑，但拍不完整，就需要使用广角镜头拍摄，但是广角镜头又非常容易将四周的一些干扰建筑拍进来，这个时候对于构图能力的要求就会比较高。所幸是当前热门城市夜景风光的好的拍摄机位不多，我们在拍摄之前可以适当参考一下其他人拍摄的照片，就可以提前避免我们在拍摄时遇到一些不知怎样处理的问题，提高我们拍摄的成功率，这是避开干扰的有效办法。

二是我们拍摄时可能因为在楼顶机位比较高或机位比较低，画面当中的透视畸变就会非常严重，特别是画面四周边角的一些位置。这时就需要摄影师通过接片或采用其他的一些特定方式，避免画面四周出现太多过于严重的畸变。

这张照片是在北京南站南侧一栋居民楼顶层的窗户向外拍摄的北京南站的全貌。因为拍摄距离比较近，虽然使用16mm超广角镜头也无法容纳下南站的全貌，但我们采用接片的方式，很轻松地就将其全貌拍摄下来。照片的难点在于前景中车棚造型的控制，因为我们使用超广角镜头无法完全避开这个车棚，如果完全避开，整个南站主体建筑就会有一定的残缺感。所以，后续接片时一定要注意，操作要标准、规范，接片之后对车棚进行一定的校正，让其整体显得比较规整，最后进行合理的裁剪才能得到比较好的效果。

143 拍旋梯的构图要点有哪些?

旋梯是城市风光摄影的一种,旋梯的拍摄地点大多是在建筑内部。

拍摄旋梯,整体上非常简单,只要确保曝光值不会出现严重失误就可以了。如果出现了严重失误,如灯光部分出现了严重的高光过曝,变为了一片死白,画面就失去了后期创作的价值。

要拍摄旋梯,如果表现力不足,就没有了拍摄价值。在拍摄时,一定要观察好机位,不要让相机过于靠边,尽量让相机在旋梯中间的轴线附近进行仰拍或俯拍,才能得到比较好的效果,最终凸显出优美的线条或结构。

这张照片表现的就是螺旋结构的旋梯,整体效果还是非常好的。

　　拍摄旋梯还要注意：后期处理时，画面整体的色彩不能太杂乱，饱和度不能太高。这样画面整体才更有利于突出旋梯自身的结构和造型。

这张照片表现的是另外一种形式的旋梯，它的色彩和结构相对复杂一些。

144 拍悬日的构图要点有哪些？

所谓悬日，一般是指春分或秋分前后、日出或日落时分，在正东或正西的街道上以很低的角度拍摄，正好悬浮在街道上空的太阳。每年有两次拍摄悬日的机会，一次是春分前后几天，另一次是秋分前后几天。

拍摄悬日，往往需要使用长焦镜头，最好是 200mm 以上焦段。在拍摄时要缩小光圈值、提高快门值、降低感光度值，整体降低曝光值，进行包围曝光拍摄，最终进行 HDR 合成，让天空中的太阳与地景都有合理的曝光，呈现出足够多的细节和层次。

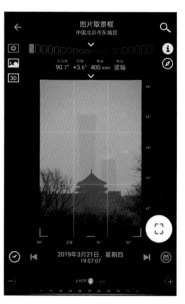

建筑悬日的画面与一般的街道悬日不同，要拍摄建筑悬日往往需要使用特定的软件来模拟太阳正好悬在建筑物顶端上的时间以及拍摄机位。只要计算好了拍摄机位和悬日出现的时间，后续的工作就是进行取景和曝光，比较简单。

对于某些特定的建筑，我们也可以不在春分或秋分拍摄，而拍摄太阳正好悬在建筑顶部的比较奇特的造型，让画面显得比较有戏剧性 比较有意思。

145 拍古建筑的构图要点有哪些？

古建筑是城市场景中一个非常有意思的题材。古建筑见证了历史变迁并承载了历史文化，拍摄古建筑往往能够让照片得到很多关注。

关于古建筑，从技术和构图的角度来说并没有太多的技巧，只要让画面整体的曝光相对准确一些，让古建筑呈现出更多的纹理质感就足够了。无论使用长焦镜头还是广角镜头，都能够拍摄出非常好的效果。关键在于我们一定要理解古建筑自身所承载的文化含义，对古建筑有充分的理解之后再进行拍摄，画面的整体效果会更有看点、更有氛围。

这张照片借助于右侧古建筑的局部作为前景来修饰远处的古建筑，让画面既有局部也有整体，画面内容比较丰富，也比较有看点。

这张照片则是使用长焦镜头拍摄古建筑屋檐的一些瑞兽，并以雪花纷飞的天气进行修饰，让画面整体显得非常有韵味。

146 拍胡同的构图要点有哪些？

胡同摄影是街拍摄影中一种比较特殊的门类，很多喜欢中国传统文化的摄影师比较喜欢这一题材。

整体上来说，胡同的摄影画面比较杂乱，在取景时要注意主题一定要明确，即是要表现传统文化，还是要表现夜景的氛围，或是要表现胡同中的人或物。明确了主题之后，避免突然出现的行人或车辆干扰到取景，画面基本上就不会出现太大问题。

胡同摄影对于后期处理有比较特殊的要求，不需要有特别干净的画面，不需要有特别漂亮的光影。胡同题材很多时候以组图的形式出现，如何让组图有协调、统一的色调和影调风格比较重要。

这张照片表现的是胡同的夜景，用冷暖对比的构图，借助于广角镜头夸张的透视表现出胡同比较深邃的感觉。人物向着远处的光明行进，让画面有宁静的氛围和意境。

147 街拍的构图要点有哪些?

正如我们之前所说，胡同摄影也是街拍摄影的一种。街拍摄影的拍摄对象也比较丰富，可能是车辆的局部，可能是街角的石墩，也可能是街上的人物。

无论拍摄哪一种对象，一定要明确拍摄的主题，这样就能得到比较好的效果。后期以组图的方式呈现，让画面表达出摄影师的创作目的就可以了。

这张照片表现的是一辆单车在雪中的场景，表现出单车的结构和孤独感。

这张照片表现的是老街区，画面中被青藤覆盖的破旧的车辆、破旧的洗衣机和一些旧家具，让画面有一种非常浓重的怀旧感和生活气息。

7.4
人像场景

148 窗光人像的构图要点有哪些?

　　拍摄室内人像,窗光是一种很有意思的光线。窗光具有很强的造型作用,既能表现出一般人像写真的效果,也可以借助于室内与室外的大光比,营造和酝酿特定的氛围。拍摄窗光人像时,应该注意以下问题。

　　当人物靠近窗口时,由于一侧直接受室外光线的照射,亮度非常高,而阴影面则非常暗,这就造成了强烈的明暗反差,使我们很难兼顾明、暗两极的细部层次,给曝光带来了较大的困难。室内人像阴影面的亮度不可能与室外一样,它只能依靠室内墙壁发出的微弱反光,而这些反光有时是不够的。人物离窗口越近,明暗反差越大。如果放任这种反差,那么就可以营造和酝酿一些特定的人物情绪;如果对人物背光面补光,那画面就会变得正常很多。

　　如果人物能远离窗口,靠近没有光源的墙面,这实际上等于减弱了主光,而加强了辅助光。人物反差则会降低,影调趋于平淡,但层次丰富,细节表达较好。这是一种正常的室内人像写真效果。

这是一种比较强烈的窗光,它既有利于塑造照片中人物的情绪,还可以让画面呈现一定的梦幻美感。

149 夜景人像的构图要点有哪些?

在光线较弱的情况下拍摄夜景人像,通过闪光灯补光,可以让拍摄得到较快的快门速度,并且可以让人物面部明亮起来。但要注意:如果快门速度很快(即闪光灯高速快门,也称为高速同步,一般快于 1/60 秒),那么补光的人物部分曝光正常,但人物身后无法得到充足补光量的背景部分就会比较暗。要解决这个问题,可以放慢快门速度进行曝光(慢速同步,通常快门速度慢于 1/15 秒),让整个环境有充足的曝光量后再对人物补光,就能得到曝光相对均匀、环境感更强的人像照片。

适当放慢快门速度,让远处的环境有更充足的曝光量,画面的环境氛围会更强一些。这张图片采用曝光中途变焦的方式拍摄,四周出现了放射线,会让画面更具冲击力。

第八章

人像构图与美姿

与一般题材有所不同，广义的人像写真的构图要求包括基本构图和人物美姿两个部分。构图指的是一般意义的黄金法则、三分法、对角线等构图方式，而美姿则是指被摄人物所做出的动作、表情。只有构图与美姿两个方面搭配得好，画面才会给人更好的感觉。

8.1
人物角度与取景范围

150 1/3侧面人像有什么特点?

　　1/3 侧面拍摄人像是指被摄人物的面部与镜头朝向成 30 度左右的夹角。对于面部轮廓比较平坦、偏胖的人物，使用这种拍摄方式，可以有效地弥补这些缺陷。使用 1/3 侧面的拍摄方式，基本上能全面展示人物面部五官的特征，并且可以避免正面拍摄产生的呆板、木讷等感觉，使人物形象显得生动、传神、有活力。

1/3 侧面人像非常有利于表现人物的面部轮廓，并且画面会充满活力。

1/3 侧面角度基本上可以满足大多数脸型的人物的拍摄要求，无论是偏瘦还是偏胖的人物，使用 1/3 侧面的角度拍摄，大多能够有较好的表现力。

151 2/3侧面人像有什么特点？

　　2/3 侧面角度拍摄人像，是指相机镜头与人物面部朝向成 60 度左右的夹角。这种拍摄角度下，画面中人物五官表现最为完整的是面对镜头的腮部，这部分的细节与形状都非常完整，并且画面整体能够显示出很好的轮廓感。2/3 侧面是人像摄影中使用得非常多的拍摄方式，因为在这个角度，无论是较瘦还是偏胖的人物都能很好地回避缺陷，表现出自身最美的一面。

2/3 侧面是善于表现人物面部最美的视角。

152 全侧面人像有什么特点?

　　全侧面拍摄人像是指相机镜头与人物面部朝向成 90 度左右的夹角。通常情况下, 对于大部分人来说全侧面拍摄的效果要比从其他角度拍摄更好看, 并且画面整体的视觉冲击力更强。但使用这种方式拍摄时, 画面效果几乎与人物面部真实的感觉完全不同, 展示的是自额头到肩部的一种轮廓线条, 表现的只是人物局部感觉。这种拍摄方式, 在拍摄人物剪影时更为常用, 能够回避主体人物的胖瘦等特点。

全侧面人像善于表现人物面部线条的起伏
变化, 能够表现出一种特定情绪和艺术
气息。

TIPS

全侧面人像一般不用于拍摄面部较长
的人物, 如果鼻尖很翘, 也不是很适
合这种拍摄方式。

153 背影人像有什么特点?

如果不将人物的面部特征作为画面表现的重点，而是表现一种情绪性的画面内容，可以通过搭配合适的环境拍摄人物背影来表达。在生活中，背面摄影的题材更为广泛，不必特约模特进行配合即可完成，日常生活中的随手拍、扫街活动中的抓拍等都可以表现出很好的画面情感。通过人物背影来表现情感、情绪，需要摄影者在生活中发掘和观察身边的一些人物，从不同的打扮、不同的穿戴等方面找出有个性特点的人物，即找出可以拍摄题材，从而营造出有内涵的摄影作品。

背影画面会增添摄影作品的空间想象和内涵，使摄影者不是通过看人物面部来产生美丑的体验，而是通过感受作品来获得情绪上的感觉。如果是在扫街时进行拍摄，还可以在不打扰被摄人物的前提下进行拍摄，获得更加真实、自然的画面。

背影加上大面积的留白，留给欣赏者充分的遐想空间。

154 全身人像有什么特点?

全身人像是将人物的全身纳入照片，同时容纳相当的环境，将人物的形象与背景环境的特点互相结合，使之都能得到适当的表现。拍摄全身人像，在构图上要特别注意人物和背景的结合，以及人物姿态的处理，避免单调与失衡。同时背景的选择上应避免繁杂，而强调简单。例如在拍摄站立人物时，选择背景时应尽量考虑一些简单、较暗的背景，这样更为容易突出人物。人物也应避免笔直地站着，可以将头部或身体稍微倾斜、双手按着膝盖、拉裙子等。

如果是坐着拍摄全身照，可以让人物做出屈腿、抱膝等动作，使画面活泼、富有生机与活力。

全身人像。

155 半身人像有什么特点？

　　半身人像是将特写人像范围扩大，它主要表现人物的上半身，背景环境在画面中通常起到陪衬而不是主角的作用。这种拍摄方式一般可以考虑让人物上半身填满整个画面，也可将一定的背景拍进画面中，以更好地烘托出画面氛围。　半身人像除了要注意人物面部表情的生动以外，同时也要兼顾人物上半身姿态的自然，做到人物面部表情与身体姿态的协调、统一。在拍摄过程中可以让人物充分放松并自由发挥，否则可能会造成身体姿势的僵硬与表情的不自然。

半身人像相对于特写人像范围扩大，人物姿态的变化就更加丰富。

WHITE SUGAR

半身人像。

156 七分身人像有什么特点?

　　七分身人像一般是指拍摄人物从脸部到膝盖之间部分,通常还包括手的动作的摄影方式。相对于特写与半身人像,这种人像拍摄方式有了更多的发挥空间,因而可以表现更多的背景环境,也能够使构图富有更多的变化。因为在七分身人像中包括了人物的手部,并且能够拍摄到人物的腰部以下,那么能够表现的人物的手部动作和姿态就更加丰富。在实际拍摄中,可以让人物变换造型与手势,形成三分线、S形等构图形式,让七分身人像的构图不再沉闷与失衡。不过七分身人像是一种需要慎用的拍摄方式,因为照片如果从人物膝盖部分截断,很容易给人一种不稳定的感觉。

七分身人像。

157 特写人像有什么特点？

特写人像，顾名思义就是对人物的脸部（或包含眼睛在内的脸的大部分）进行特写。这时，由于人物的面部占据整个画面，给欣赏者的视觉冲击格外强烈，因此需要严格控制对拍摄角度的选择、光线的运用、神态的掌握、质感的表现，摄影师应仔细研究一切有关摄影造型的艺术手段。拍摄特写人像时，一般不推荐使用标准镜头，标准镜头拍特写离人物很近，容易造成人物的面部歪曲，还可能造成人物下巴、额头与脸部不协调的情况。因此最好选择中长焦距的镜头进行拍摄，此时照相机与人物的距离就可以稍远一些，避免透视变形。

大特写人像，重在表现
人物肤质、五官和表情。

特写人像。

8.2
人物美姿技巧

158 为什么要让人物的肢体平面产生错位？

人像特写主要是表现人物的头部、肩部以及胸部，那么这三部分的动作和线条变化就非常关键。一般我们要遵循头部与胸部（肩部）的体块错位，避免它们在同一平面，这样的特写动作才会有变化和表现力。

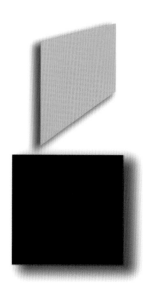

黄色代表面部，黑色代表身体部分。拍摄人像时，应该让这两部分产生一定的错位。

如果人物的胸部体块朝向镜头，头部也朝向镜头，就会缺少变化。所以让人物面部错开一些，与人物胸部平面产生一定的夹角，即平面错位，从而增加了特写动作的表现力。

159 如何利用人物手臂产生变化?

　　人物的手臂是一个可以被利用的元素。女孩的手纤细而美丽，通过手臂抚摸头发、托腮、抿嘴微笑，可以为平淡的特写照片加入更多表情和神态，也能让照片更富有生命力和感情色彩。

　　手臂的姿态是一种可以影响人物特写的重要元素，人物可以利用手臂做出托腮、抚摸头发等姿态，这样使整体更富有生命力，使平淡的照片更加有神。但是也应该注意，手臂在画面中的比重不宜过大，否则会分散欣赏者的注意力。

手臂姿态的把握是人像摄影中的一个难点，构
图时对手臂的截取也要自然和恰到好处，否则
手臂的存在反而会破坏画面的整体效果。

160 如何利用额外道具产生变化？

特写的表现并不是单单依靠人物自身的肢体和动作，适当地加入一些道具，能够增加画面的不确定感和其他特定情绪，有时还可以起到强化主题的作用。例如拍摄校园人像题材，自行车、日记本等道具就能够很好地强化主题。

但是这与手臂的控制是一样的，也要注意道具不能喧宾夺主，要使用得合情合理。

利用春联作为道具，让人物与
环境衔接得更好。

利用包作为道具来拍摄，与人
物青春的气质非常相符。

161 身体轴线上三个重要部位怎样安排？

　　人在站立时，为了支撑整个身体基本只有两种站姿：一是两腿平均站立，均匀支撑身体；二是将重心转移至一条腿上。腿和脊柱成了人物站立的中心，穿起了三个体块：头部、胸部、胯部。以中心线为轴，这三个体块可以灵活地转动、倾斜产生角度透视变化。三个体块尽量不要在一个平面上，否则会让站姿显得平淡，表现在照片上就会显得人物非常呆板。

　　三个体块的组合变化再加上两条手臂的动作，这样站姿的变化就更加丰富。

拍摄站姿人像时，摄影师要注意提醒被摄人物，头部、胸部和胯部尽量不要在一个平面上，然后结合手部与腿部的姿势变化，照片就会比较自然、好看。

162 什么是平均站姿和重心站姿？

两条腿均匀地支撑整个身体，这样的站姿比较稳定，但是会显得呆板，缺少一些变化。但这并不是说就不能这样拍摄了，在双腿并排站立时，腿部最好要张开一些，再结合身体上半部分和手臂的变化，营造出一种更为自然的效果。

人物双腿不分主次地支撑身体站立时，为防止画面显得呆板，人物的头部可以稍稍倾斜，并结合手部动作和道具，营造出一种自然的效果。

　　大部分情况下，人物在站立时，只有一条腿支撑大部分的体重，另一条腿轻轻落在地面，协助保持身体的平衡。这也是人像摄影中人物常用的站姿，这样的站姿富有曲线，也方便进行系列的动作变化。

　　支撑大部分体重的腿被称为"重心腿"，辅助重心腿保证身体平衡的腿被称为"辅助腿"。重心腿可以作为轴心使用，就像时钟的中心，以其为中心，辅助腿可以向四周任意旋转。辅助腿虽然不承受大部分体重，但是要起到保持身体平衡的作用。同时，辅助腿可以围绕重心腿进行各种方向性的旋转变化，就像时钟的分针。这样两条腿可以产生一系列的组合变化。

　　具体拍摄时，要注意的是两腿不要交叠，要让辅助腿适当地表现出一定的弯曲度，这种线条的变化会让照片显得自然、好看。

支撑腿和辅助腿的变化让画面显得比较自然，并且强化了人物的线条美。

163 站姿中的上肢应怎样变化？

　　站姿是整体动作的轴心和基础。站位选定后，接下来就需要进行体块错位变化以及上肢动作的变化，这是一个综合性的组合。人物身体上半部分的变化主要包括手臂、手、肩部、头、胯等的动作，这样就会使一个站姿可以演变出很多不同的美姿动作。腰身及手臂等的变化可以美化画面的视觉效果，增强画面的视觉感染力。

胯部、胸部、头部以及腰部以支撑腿为基础，可以随意做出各种不同的动作，给人以美感和享受。需要注意的是各种肢体部位不要出现严重的叠加造成遮挡。

TIPS

在整体变化中，保持重心始终是关键，也是保证整组动作完成的必需条件。如果支撑腿出现问题，那么画面就会失衡。

164 坐姿怎样营造线条美？

　　摆坐姿造型时，首先要从镜头中寻找恰当的身体比例。线条的流畅、完整是坐姿造型处理中一个不可忽视的问题。坐着的姿势往往会使整个身体的曲线中断，容易显得琐碎、凌乱。

　　但坐姿适合表现上半身的造型优势，尤其是腰部与胸部。所以我们可以充分地利用上半身的外侧轮廓曲线来显示体形，加上四肢的协调配合，便可形成较为完整、流畅的身体曲线。要注意肢体关节处皮肉的扭曲和线条以免产生难看的线条。为防止产生肌肉的扭曲和线条的杂乱，摄影师要注意观察，及时提醒被摄人物。

人物从头部到胯部的线条简洁、流畅，而结合腿部非常自然的姿势，这样最终画面效果就比较漂亮。

　　在表现坐姿的人体线条时，标准及广角镜头更好用一些。例如，可以利用低角度的广角镜头拉长人物的腿部线条，突出人物的下肢曲线等。但除非是要营造富有喜剧效果的画面，否则不可过于夸张，要适可而止，达到美化身材的目的就可以了，否则过犹不及。

165 侧身的抱膝坐姿应如何表现？

侧身的抱膝坐姿着重表现女性的含蓄、柔媚。大腿收起靠近胸前，在必要时，让人物翘起后脚掌，只用脚尖撑地，顶起腿部，这样做可以在视觉上增加小腿的长度，显得身材更为匀称。

这种坐姿，最大的变化和不确定性在于手部动作及面部表情。人物的动作可以是抱膝而坐；也可以是手肘放于膝盖上，而手掌则拖住下颌；甚至也可以是手肘放于膝盖上，而双手拂面等。至于人物的面部，则可以是欢喜、悲伤、犹豫等各种表情。

抱膝坐姿拍摄时，人物的面部表情具有很大的可塑性，
可以是喜怒哀乐等表情，都能有很好的表现力。

166 正面的放松坐姿应如何表现？

　　拍摄好坐在椅子上的人物通常是很难的。如果人物过于正襟危坐，难免会带来呆板、僵硬的感受。人物身体过于松弛，又可能会让画面显得过于随意。这种随意绝不是放松和舒展，是一种构图不严谨的拍摄。

　　因此，拍摄正面的坐姿时，一定要注意人物的动作，并注意控制人物表情。最后，结合拍摄的场景，营造出一种与环境相匹配的动作和情绪。

合理的动作与表情，搭配合适的环境，给人一种优雅、大方、舒适的感觉。

167 坐姿人像有哪些常识性技巧？

相比于站姿和特写人像，坐姿人像的创作难度更大。在此我们总结了一些坐姿人像的常识性技巧，读者可以在后续的实拍当中进行实践验证。

（1）坐姿人像适合表现静态的感觉。

（2）对被摄人物关节处的处理非常关键。一般情况下要注意其和镜头的角度，以免产生透视发生难看、夸张的变形，如手肘、膝盖等正对着镜头等。

（3）对坐姿人像脊柱的处理也十分重要，人物的精神面貌都和脊柱的挺直或弯曲产生联系。因此，当被摄人物坐下时，摄影师要提醒人物的背部不要过度弯曲。当然，某些特殊主题要求除外。

（4）坐姿人像不易显身形，也容易使人物的腹部赘肉暴露无遗，所以要注意遮挡或提醒被摄人物吸气。

（5）不同的坐姿适合表现不同的主题，所以我们最终要控制、调整相应的神态，做到主次分明、相辅相成。

非常淑女的一种坐姿。

第九章

二次构图：场景切割、修复与重塑

二次构图是摄影创作当中非常重要的一个环节，所谓的二次构图是指拍摄照片之后对照片进行裁剪，从而实现构图的变化。但从另外一种角度来说，对照片影调层次的优化、色彩的修饰、污点的消除等都是二次构图的过程。

某些特殊情况下，我们会由于器材受限不得不进行二次构图。例如镜头焦距不够，拍摄的视角就会比较大，如果只想表现场景当中的某一部分，就需要裁切画面，进行二次构图，截取想要的部分。还有一种情况，当距离要拍摄的对象过远时，即便使用了长焦镜头，但焦距仍然不够长，这种情况下可能也需要进行二次构图，强化主体。

本章将介绍一些比较常见的二次构图的应用场景，从而对画面整体的效果进行重新打造，得到与众不同的画面效果。通过裁掉四周过于空旷的部分让构图画面变得紧凑，或者拉直水平线让画面变得更加均衡，这类简单的二次构图的方式就不再介绍了。接下来介绍一些相对比较困难又比较重要的二次构图的方式。

9.1
高级二次构图技巧

168 如何校正倾斜？

照片出现倾斜，画面会给人失衡的感觉，给人一种不认真、不严谨的心理暗示。一般来说，无论是自然风光、城市风光还是人像题材，如果没有特殊情况，水平线一定要保持水平，画面整体才会给人比较规整的感觉。

这张照片虽然露出的天际线比较少，但是如果仔细观察，它是有一定倾斜的，画面就给人不是特别舒服、不是很均衡的感觉，后续可以进行一定的校正。这张照片的校正方法非常简单，可以采用一种简单的水平线校正方式。

在 Photoshop 中打开照片，选择"裁剪工具"，单击上方选项栏中的"拉直工具"，鼠标指针放在水平线条上，单击选中，然后沿着水平线条进行拖动，拖动一段距离之后松开鼠标，照片的水平线就得到了校正。

在拖动水平线之前应该勾选选项栏中的"内容识别"复选按钮，松开鼠标之后，在选项栏右侧单击"√"，软件会自动填充由于照片旋转带来的四周空白，确保不会缩小画面的构图比例。

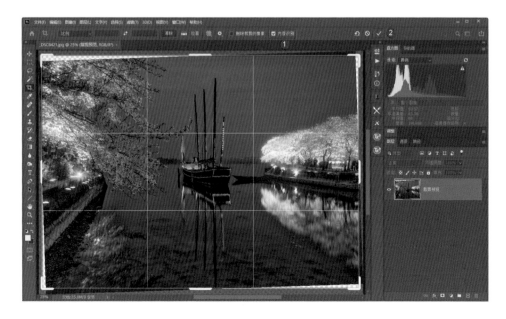

之所以没有在之前的步骤中刻意强调勾选内容识别，是因为勾选内容识别后会填充四周空白区域，这只适合用于自然风光或背景比较干净的题材。如果是城市风光，整个场景四周都是建筑，进行填充后，四周填充的空白区域可能就会出现严重的失真，导致画面四周变得不够干净、不够自然。所以具体是否使用或者是否勾选内容识别选项也要根据不同的场景来进行有针对性的选择。

校正水平线之后，照片画面规整了很多，四周并没有产生不自然的纹理，效果还是不错的。

169 如何校正透视变形？

在本书之前的内容中，我们曾经介绍过如何校正画面出现的几何畸变，下面我们就通过一些透视的功能来校正画面的透视问题。

我们在 Photoshop 当中打开这张发生较大透视变化的天坛的照片，因为是自下往上拍摄的，整个门框出现了非常严重的透视变化，要进行校正，首先要尝试使用透视功能。

按键盘上的 Ctrl+A 组合键，全选照片画面，打开"编辑"菜单，选择"变换"—"透视"命令，这样可以进行透视调整。

在画面四周出现了可调整的透视线之后，选中左上角或右上角的锚点，向外拖动，可以看到画面左上和右上呈对称状向两侧拉伸，从而实现画面的透视矫正。

对于画面的左右倾斜，还可以选中上方中间的锚点，进行左右的倾斜调整，实现画面的矫正。

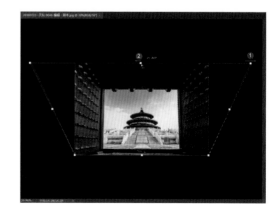

画面中透视的变化还是有规律的，就是下方宽、上方窄，借助于透视校正，就能够达到相对比较理想的效果。透视校正完成之后，按键盘上的 Enter 键，即可完成透视调整。

当然，这依然存在一些问题，如校正之后画面被严重压扁。这是没有办法的，可以结合画面局部变形工具，把压扁的画面拉伸回来，调整完成之后按 Enter 键完成透视校正，然后按 Ctrl+D 组合键，取消选区即可。

此外，如果我们针对一些透视变化不是很规律的场景使用透视校正，效果可能不是很理想，就需要借助于"透视变形"这一功能来进行校正。

在 Photoshop 中打开照片之后，打开"编辑"菜单，选择"透视变形"命令，进入透视变形的界面，在界面下方的选项栏中可以看到，被激活的是"版面"这个选项，此时鼠标指针放到照片画面中选中不同的锚点，并将其定位到门框内侧的四个角上，进行初步的版面定位。

　　单击上方选项栏中的"变形"选项，再将鼠标指针分别移动到之前我们确定的锚点上，选中并进行拖动，最终拖出一个比较规整的矩形，完成透视畸变的调整。

　　调整完成之后，单击上方选项栏中的"√"（即确认调整按钮），即可完成透视变形的调整。

　　这种透视变形功能更加强大，比简单的透视调整更好用一些，只是操作的难度稍稍有些大。调整完成之后适当向上拖动，解决了照片画面被严重压扁的问题，建筑的比例也没有发生太大的变化。至于四周产生的一些空白区域，可以裁掉，也可以通过拖动锚点，让正常像素把这些空白区域填充起来。

170 如何裁掉干扰？

　　裁掉干扰是二次构图中的一种非常简单的操作。由于拍摄的照片受拍摄距离或焦段的影响，画面当中无法避开一些干扰元素，这种干扰元素在照片当中就会显得比较碍眼。最简单的方法就是直接裁掉这些干扰元素，但是如果裁掉这些干扰元素之后，也会裁掉其他正常的像素，可能会导致构图整体给人的感觉发生较大变化，裁剪就不是特别理想。这种情况下，就需要使用污点修复画笔工具修掉这些干扰元素，关于这一知识点，我们将会在后面的内容进行介绍，我们先来看怎样裁掉这些干扰物。

在 Photoshop 中打开这张需要裁剪的照片，在左侧工具栏中选择"裁剪工具"，然后设定 2 : 3 的照片比例（这张照片本身的长宽比就是 3 : 2，在比例当中选择 2 : 3，实际上它就是一种 3 : 2 的比例），然后通过拖动边线裁掉四周的区域。

确定构图范围之后，在保留区域内双击，或单击选项栏右侧的"√"（确认裁剪按钮），或按键盘上的 Enter 键，都可以完成裁剪。

171 如何修掉画面中的杂物？

画面当中存在的污点或瑕疵会干扰主体的表现力，让画面不再干净。在后期处理当中，我们可以借助于污点修复画笔工具等修补工具，将这些杂物修掉，最终让画面变得更加干净。其实这种修复杂物的技巧有很多，这里借助于一个非常简单的案例进行介绍。

同样是这张照片，我们如果仔细观察可以发现，前景的公园中有很多照明灯以及信号塔，它们会让画面的前景显得非常不干净、有些杂乱，我们也不可能借助于裁剪工具裁掉如此大的区域。

针对这种情况，我们可以在工具栏中选择"污点修复画笔工具"，缩小画笔的直径，具体方法是在上方的选项栏中调整画笔的直径，也可以在英文输入法状态下按 [键或] 键改变画笔直径，鼠标指针在瑕疵处进行涂抹，松开鼠标之后就可以修掉这些瑕疵。修掉这些瑕疵之后，画面前景就会干净很多。

污点修复的原理其实非常简单，它是用涂抹区域之外的一些没有瑕疵的正常像素来模拟和填充涂抹的区域，遮挡住有污点瑕疵的区域，最终得到比较干净的画面效果。

针对这张照片来说，画面整体的四周亮度比较高，无法让欣赏者将注意力更多地集中在画面中间的建筑物上，我们可以按键盘上的 Ctrl+Shift+A 组合键，进入到 Camera Raw 中。

打开界面右侧的"效果"面板，稍稍降低"晕影"的数值，为画面增加暗角，这样更有利于将四周压暗，让欣赏者的视线更多集中在中间的主体对象上。

172 封闭式构图变开放式构图，有什么好处？

拍摄一些花朵时，虽然花朵本身比较漂亮，但由于我们没有强化出花朵、花蕊或花瓣的质感，整体上导致画面变得比较平淡。针对这种情况可以采用大幅度裁剪的方式，裁掉大部分的花朵以及四周的背景，只呈现花朵中精彩的花蕊以及花瓣部分，也就是将封闭式构图裁剪为开放式构图。

这样裁剪，一是可以强化核心部分的视觉冲击力，二是可以让欣赏者的视线延伸到照片之外。

照片裁掉了四周的绿色背景部分以及花朵的大部分，变为开放式构图，画面的表现力更强，更有视觉冲击力。

173 如何用修复工具改变主体位置？

下面介绍的二次构图的方法是用修复工具改变主体位置。很多人没有接触过这种二次构图的方式，但实际上它是一种非常好用的方式。具体来说，当我们在画面中的某些主体位置不够理想，又没有办法在前期拍摄时改变主体的位置的情况下，可以在前期拍摄时尽量多取景，然后在后期处理时利用软件改变主体的位置，改变画面景物之间的关系，最终实现想要的效果。

这张照片中有三艘游船，无论如何调整都无法让三艘游船有较好的位置关系，所以只能尽量通过取景改变这三艘游船的位置，让它们之间的距离均匀一些，但可想而知，效果仍然不够好。那么在后期处理中，我们就可以通过一些特定的处理，将左侧的游船继续向左、向下拖动，最终形成比较均匀的三角形构图，让三艘游船的位置达到理想中的关系。

要实现这种效果其实非常简单，首先在Photoshop中打开这张照片，在界面左侧的工具栏中选择"内容感知移动工具"，然后选中要改变位置的对象，并将其拖动到目标位置，松开鼠标，最终软件会对边缘的痕迹进行修复，实现完美的移动效果。具体的操作方法如下。

首先在Photoshop中打开这张照片，在界面左侧的工具栏中选择"内容感知移动工具"。

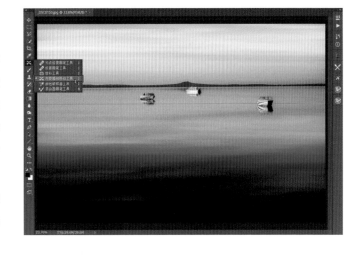

按住鼠标，在想要移动的左侧游船的周边进行圈选，为它建立一个选区。

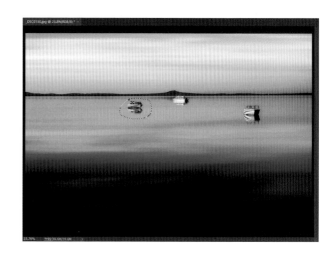

将鼠标指针放在选区之内，选中此位置并进行拖动，将其拖动到目标位置。在拖动到目标位置之后，还可以将鼠标指针放在四周的变换边框上，改变景物的大小，但本例当中没有必要改变。

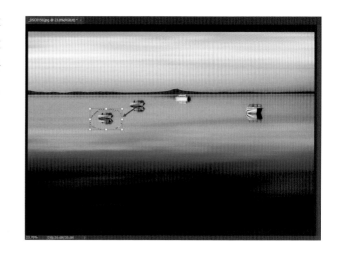

按键盘上的 Enter 键，完成位置的移动。如果此时依然保留选区，按键盘上的 Ctrl+D 组合键取消选区，即可完成位置的移动。

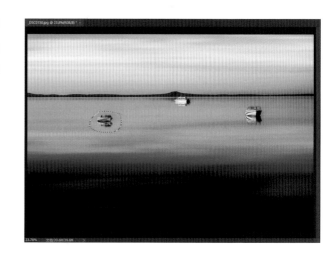

放大照片的局部，会发现选区内的部分与选区外的部分过渡不够自然。

针对这种情况，我们可以按键盘上的 Ctrl+J 组合键，复制一个图层，然后打开"滤镜"菜单，选择"模糊"-"动感模糊"命令，对新复制的图层进行动感模糊处理。当然模糊的方向是水平的。

完成模糊处理之后，选中上方的图层，创建一个蒙板，将上方模糊图层完全遮挡，选择"画笔工具"，将前景色设置为白色，在移动区域的边缘进行涂抹，让移动区域与未移动区域的过渡变得自然，最终就实现了比较好的效果。

最后，按 Ctrl+Alt+Shift+E 组合键，盖印可见图层，然后保存照片即可。

174 怎样扩充构图范围，让构图更合理？

扩充构图范围的二次构图技巧，可以让构图更加合理。很多时候可能因为前期拍摄时镜头焦距过长，而我们又没有办法退到一定距离之外，最终导致拍摄的画面当中主体景物过满。或者也可以认为是构图过紧，当然也可能是我们距离被拍摄对象过近，或构图失误导致的。这种情况就比较难以处理，如在拍摄花卉等题材时，我们可以将这种原本开放式的构图进行裁切，只表现它的局部，改善构图过满的问题。但很多时候我们没有办法这样操作，特别是在自然风光摄影当中，无法对主体进行拆迁，这时就需要采用一些特殊手段扩充构图范围。

这张照片中枯木占的面积有些大，构图显得过满，特别是枯木上方和下方所留的空间太小，画面给人的感觉不是很舒服。

扩充构图后的画面效果更加理想。从照片中可以看到，扩充构图之后，枯木上方和下方的空间变大了，构图不再过满。

接下来介绍具体的处理过程。

首先，在 Photoshop 中打开这张照片，设置 2∶3 的长宽比，然后选择"裁剪工具"。

选中画面四周的构图线并向外侧拖动，拖动到目标位置之后松开鼠标。要注意在拖动之前应该取消勾选上方选项栏当中的"内容识别"复选按钮，否则会导致软件自动填充扩充出来的空白区域。这种填充的效果有时候不算特别理想，会有严重的失真。拖动到目标位置之后，在保留区域内双击完成裁剪。

此时画面四周存在明显的空白区域，这片空白区域也是我们要扩展的区域，从而让画面不再显得过满、过紧。

选择"矩形选框工具"，框选树木右侧的整个区域，然后按键盘上的Ctrl+T组合键，或者打开"编辑"菜单，选择"自由变换"命令，两者所实现的效果是一样的。之后按住键盘上的Shift键，选中右侧的调整线并向右拖动，让正常的像素将右侧空白的区域填充，扩大树木右侧的面积。

TIPS

在 Photoshop CC 2018 以及之前的版本当中，要改变构图的比例，直接拖动单侧边线就可以，不必按住 Shift 键，而如果按住 Shift 键则是将画面等比例变化。但在 Photoshop CC 2019 以及 Photoshop CC2020 当中则正好相反，如果要等比例变化，那么直接拖动边线就可以。如果想要改变画面的比例，那么需要按住 Shift 键。按键盘上的 Enter 键即可完成调整。按键盘上的 Ctrl+D 组合键取消选区。

接下来用同样的方法对画面的右侧进行填充。

针对画面右上方面积较小的天空部分，如果进行大范围的拖动会导致上方的像素失真，变形会比较厉害，痕迹也不够自然。在这种情况下，我们可以先为上方空白区域建立选区，建立选区时要包含一部分正常的天空的像素，大致范围如右图所示。

打开"编辑"菜单，选择"填充"命令，此时界面会弹出"填充"对话框。

将"内容"设定为"内容识别"，勾选"颜色适应"复选框，然后单击"确定"按钮。软件会自动通过模拟正常的天空像素填充下方的空白部分。

接下来用同样的方法对树木上方和下方的空白区域进行填充，最终改变画面的构图。

实际上，扩充构图的方式有很多，如自由变换、填充。通过多种方式的组合，让构图过满的画面变得比较合理，使画面既不会松散又比较紧凑，还不会过满，最终达到理想中的效果。

175 怎样通过变形处理机械暗角？

通过变形可以完美地处理机械暗角，实际上也可认为其是一种瑕疵的修复。但是这种瑕疵修复方式比较特殊，它是针对画面的暗角进行的修复。

对于绝大部分照片，如果画面四周产生了暗角，在软件当中对RAW格式文件进行镜头的校正就能够将其修复（特别是针对RAW格式进行处理的 Camera Raw 或 Lightroom）。但如果是因为遮光罩或镜头臂的遮挡导致画面四周出现了一些比较硬的暗角（也可以称之为机械暗角），那么这种机械暗角是无法通过镜头校正完成修复的。

这张照片是使用广角镜头拍摄的，由于镜头太广，镜头的遮光罩或滤镜边缘遮挡了画面左上方和右上方，导致画面出现了机械暗角，在后期处理当中，根本无法通过镜头校正将其修复。这时就需要通过一些特定的方式将其修复，具体来说是通过画面的变形将左上方和右上方的暗角不留痕迹地修复。

原图

效果图

接下来介绍具体的修复过程。

首先，在 Photoshop 中打开这张照片，按键盘上的 Ctrl+J 组合键复制一个图层，选中复制的图层进行变形操作。

在进行变形操作之前，先按键盘上的 Ctrl+A 组合键，让所有图层的照片内容全部显出来。然后打开"编辑"菜单，选择"变换"－"变形"命令。

将鼠标指针移动到左上角和右上角的锚点上，选中锚点向画面外侧进行拖动，直至将暗角完全拖动到画外，将其修复。

TIPS

如果暗角比较大，修复后画面的主体就会发生变形，导致画面不够理想。主体对象发生了形状变化，就会显得比较别扭。这时可以按键盘上的 Enter 键完成变形，按键盘上的 Ctrl+D 组合键取消选区，再为上方的图层创建一个黑色蒙版，将变形之后（即消除暗角）的图层遮挡起来，然后用白色画笔涂抹画面的左上角和右上角，将修复的效果擦拭出来，确保天际线与重点景物不发生改变，只保留调整之后的机械暗角部分，即可实现理想的矫正效果。最后按 Ctrl+Alt+Shift+E 组合键，盖印可见图层，将照片保存即可。

176 怎样用变形工具重新构图？

借助变形工具可以大幅度地改变主体的位置，改变构图的形式，产生新的构图。

这张照片中，中国尊是最突出的视觉中心，但它没有在画面中间。如果想让中国尊正好位于画面中心，但是又不想对画面进行过多的裁剪，剪掉两边的建筑，那么可以通过局部变形工具来实现想要的效果。通过扩充部分区域和缩小部分区域，最终让中国尊发生位置的改变，使之移动到画面中间。经过调整后的照片虽然位置改变了，但是整体上给人的感觉是画面没有发生任何的变化，仿佛是重新拍摄了一张照片一样。

原图

效果图

接下来介绍具体的处理过程。

首先，在Photoshop中打开这张照片，然后选择"裁剪工具"。选中照片左侧的裁剪边线向左侧拖动，拖动时观察裁剪参考线。让中国尊位于画面的中间位置上，然后按键盘上的Enter键完成裁剪。

在工具栏中选择"矩形选框工具"，框选中国尊右侧的部分，然后按键盘上的Ctrl+T组合键，将鼠标指针移动到右侧的变换线上，按住Shift键向内拖动，缩小右侧区域的面积。用同样的方法放大画面左侧的面积，按Enter键完成操作。

通过左侧区域的放大和右侧区域的缩小，相当于改变了中国尊的位置。

按Ctrl+D组合键取消选区，再次选择"裁剪工具"，通过观察中国尊的位置，让画面当中的中国尊位于画面正中间，裁掉四周不相关的空白区域，最终就完成了二次构图。

从右图中可以看到，中国尊的位置已经发生了较大改变，但在我们的印象中却没发生不自然的变化。

177 怎样通过变形或液化调整局部元素来强化主体？

　　我们已经介绍过了自由变换、变形等工具在二次构图当中的使用方
法和技巧，这些功能的使用是一种比较新的后期构图理念，也是近几年
比较流行的方式，能够获得比较好的二次构图效果。除了上述的几种方
法以外，我们还可以通过变形或液化调整局部元素来强化主体，这种方
式较多应用于处理变形的场景。

　　这张照片拍摄于意大利的多洛米蒂山，画面中可以看到三峰山，但
中间的山峰给人的感觉并不是特别高大、险峻。而通过调整之后的三峰
山给人的感觉明显更加高大、险峻，也更加突出。这种处理效果就是借
助变形工具实现的。

原图

效果图

　　先选择"快速选择工具"，快速地将包括山峰在内的地景全部选择出来，然后按键盘上的 Ctrl+J 组合键，
将选区内的地景保存为一个单独的选区并提取出来。打开"编辑"菜单，选择"变换"-"变形"命令，对提
取出来的地景进行变形操作，选中山峰的中间位置并向上拖动，即可将山体变高。当然，有些人会认为使用
液化工具更好，但实际上不建议使用液化工具，液化工具会导致山体扭曲变形，反而不够自然。所以变形工
具往往是更理想的选择。

178 怎样通过自由变换和变形让人物变高？

　　自由变换和变形有一个非常重要的使用领域——人像写真当中的肢体变形和重塑，特别是在拉长人物的身形，将腿部变长或将腰部变细等场景当中非常有效。当然，对于腰部变细等操作也可以使用液化工具，这里主要介绍腿部变长。下面通过一个具体的案例来介绍。

　　对于绝大部分人像写真来说，大家都希望人物有一双大长腿，但很多时候，我们无法拍出大长腿。因为如果降低拍摄视角，人物面部就会变大；如果要让人物面部正常，那么就无法拍出大长腿。在这种情况下，往往需要在后期处理中进行调整。

　　这张照片当中，人物整体的比例比较不错，但是腿部没有修长的感觉，经过后期处理让人物的腿部变长，整体效果会变得更加理想。

原图

效果图

要实现这种效果，首先要在Photoshop中打开这张照片，然后选择"裁剪工具"，不要设定裁剪比例。然后选中下方的裁剪线并向下拖动，扩充构图的范围。不要填充空白区域。向下扩充之后，在保留区域内双击，完成二次构图的调整。

在工具栏中选择"矩形选框工具"，框选人物胸部下方至画面下边缘，具体框选区域如右图所示。

按键盘上的 Ctrl+T 组合键，对框选的部分进行自由变换。具体操作是选中下方的变换线，然后按住键盘上的 Shift 键向下拖动，这样就可以将腰与腿部拉长到想要的长度，最后按键盘上的 Enter 键即可完成变形操作。按 Ctrl+D 取消选区，裁掉下方空白的部分，完成拉长腿部的操作。这种让人物变修长的操作非常简单，但得到了非常好的效果。

9.2
光影二次构图

179 怎样重塑画面影调？

　　二次构图不仅包括画面内容的增减、画面局部的提取以及画面各种景物、对象之间的距离关系的改变，实际上它还包括影调与色彩的调整。例如提亮了照片的局部，局部的表现力就会提升，甚至可能会成为新的视觉中心，改变构图的形式。色彩的变化也是如此。所以从某种意义上来说，只要进行后期处理，绝大部分情况下都是一个二次构图的过程。借助光线透视的内容，我们也会知道如何调整才能得到更好的效果。

　　下面我们通过一个具体的案例来介绍。

　　这张原始照片依然拍摄于意大利多洛米蒂山的三峰山，虽然原始图片比较漂亮，但是光影关系和色彩都没有表现出来。那么在后期处理时，就要对三峰山山峰进行拔高，让其表现力变得更强。

　　接下来对画面的光影关系进行梳理。左侧是光源，这个光源必然会照射到三峰山左侧的山峰，让这部分变得更有色彩感，亮度更高、更柔和。由于高光区域有一定的柔化，所以对这部分适当进行了柔化处理。

　　最后得到的效果就是从左上方的光源进行光线照射，而近处完全背光的区域亮度很低，三峰山的左侧是受光线照射的山峰，它的亮度虽然弱于光源，但是依然比近处要亮一些。通过对光影关系的梳理，画面的影调得到了重塑，整体看起来非常自然。

　　以上就是通过影调的重塑实现二次构图的操作方法。

180 怎样进行局部光效修饰，让画面变干净？

　　之前我们讲到了光线的透视与画面的秩序感，在有明显光源的时候，通过寻找光源可以优化画面的秩序感。除此之外，还有一些比较特殊的情况，以下图为例，这个场景当中没有明显光源，它是一个散射光环境。这种散射光没有方向性，这时我们就没有太大的必要来考虑光线的方向了，当然也有一些摄影师会通过滤镜或局部调整在画面中制作一个光源，这是比较特殊的情况。

在一些情况下，我们会因为场景当中没有明显的光源而不知道如何处理照片。其实针对这种场景的处理方式非常简单，我们只要让画面整体明暗均匀，让主体稍微亮一些，最终画面整体就会比较干净，而且主体比较突出。

下面我们通过一个案例来介绍局部调整在散射光环境当中的应用，通过案例可以学习如何对画面进行局部的调整才能让画面整体变得更理想。

在原始照片的场景当中，我们可以认为它是一个散射光环境，但是如果仔细观察，就会发现天空的亮度不够均匀。在分析图中可以看到，位置①要亮一些，位置②要暗一些，天空的明暗不均就会导致天空变乱。如果仔细观察这种明暗不匀的情况，就会发现它让画面看起来比较毛糙。如果观察地景就会看到③、④、⑤这几个位置的亮度都比较高，干扰到了地景当中最重要的两个古建筑的表现力。也就是说，虽然整体是一个散射光环境，但是某些对象自身的明暗或者建筑周边的光源会把这些不是那么重要的景物照亮，导致画面整体显得不够干净、有些杂乱。针对这种情况，我们就可以在后期处理当中只对画面的局部进行一些轻微的调整，该压暗的压暗，该提亮的提亮，最终让画面变得非常干净、有秩序感。

经过后期处理，我们调匀了天空的明暗，让天空变得更加干净；针对地面近处的几幢建筑物，我们通过选区工具将这些区域选择出来并对其进行了压暗处理，最后使画面整体变得更加干净，主体变得更加突出。这是通过后期调整让画面变得更有秩序感的一个典型案例。